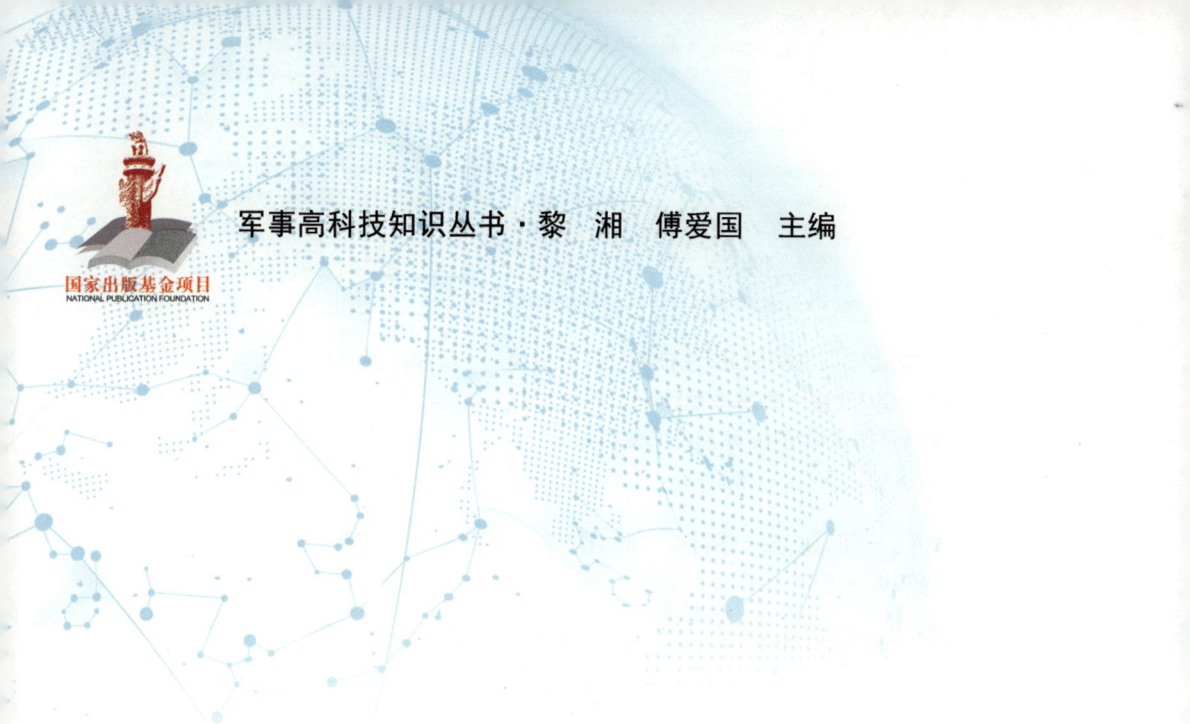

军事高科技知识丛书·黎 湘 傅爱国 主编

国家出版基金项目
NATIONAL PUBLICATION FOUNDATION

军队信息化建设发展研究

老松杨 蒋 杰 ★ 主编

Research on Military Informatization
Construction Development

国防科技大学出版社
·长沙·

图书在版编目（CIP）数据

军队信息化建设发展研究/老松杨，蒋杰主编. —长沙：国防科技
大学出版社，2023.10（2024.6 重印）
（军事高科技知识丛书/黎湘，傅爱国主编）
ISBN 978 - 7 - 5673 - 0632 - 5

Ⅰ.①军…　Ⅱ.①老…　②蒋…　Ⅲ.①军队建设—信息化建设—研
究　Ⅳ.①E919

中国国家版本馆 CIP 数据核字（2023）第 189398 号

军事高科技知识丛书

丛书主编：黎　湘　傅爱国

军队信息化建设发展研究
JUNDUI XINXIHUA JIANSHE FAZHAN YANJIU

主　　编：老松杨　蒋　杰

出版发行：国防科技大学出版社

责任编辑：王　康　　　　　　　　　责任美编：张亚婷
责任校对：向　颖　　　　　　　　　责任印制：丁四元
印　　制：长沙市精宏印务有限公司　开　　本：710×1000　1/16
印　　张：14.25　　　　　　　　　字　　数：211 千字
版　　次：2023 年 10 月第 1 版　　印　　次：2024 年 6 月第 2 次
书　　号：ISBN 978 - 7 - 5673 - 0632 - 5
定　　价：98.00 元

社　　址：长沙市开福区德雅路 109 号
邮　　编：410073
电　　话：0731 - 87028022
网　　址：https://www.nudt.edu.cn/press/
邮　　箱：nudtpress@nudt.edu.cn

军事高科技知识丛书

主　　编　黎　湘　傅爱国

副 主 编　吴建军　陈金宝　张　战

编委会

主 任 委 员　黎　湘　傅爱国

副主任委员　吴建军　陈金宝　张　战　雍成纲

委　　员　曾　光　屈龙江　毛晓光　刘永祥

　　　　　孟　兵　赵冬明　江小平　孙明波

　　　　　王　波　冯海涛　王　雷　张　云

　　　　　李俭川　何　一　张　鹏　欧阳红军

　　　　　仲　辉　于慧颖　潘佳磊

总 序

孙子曰："凡战者，以正合，以奇胜。故善出奇者，无穷如天地，不竭如江河。"纵观古今战场，大胆尝试新战法、运用新力量，历来是兵家崇尚的制胜法则。放眼当前世界，全球科技创新空前活跃，以智能化为代表的高新技术快速发展，新军事革命突飞猛进，推动战争形态和作战方式深刻变革。科技已经成为核心战斗力，日益成为未来战场制胜的关键因素。

科技强则国防强，科技兴则军队兴。在人民军队走过壮阔历程、取得伟大成就之时，我们也要清醒地看到，增加新域新质作战力量比重、加快无人智能作战力量发展、统筹网络信息体系建设运用等，日渐成为建设世界一流军队、打赢未来战争的关键所在。唯有依靠科技，才能点燃战斗力跃升的引擎，才能缩小同世界强国在军事实力上的差距，牢牢掌握军事竞争战略主动权。

党的二十大报告明确强调"加快实现高水平科技自立自强""加速科技向战斗力转化",为推动国防和军队现代化指明了方向。国防科技大学坚持以国家和军队重大战略需求为牵引,在超级计算机、卫星导航定位、信息通信、空天科学、气象海洋等领域取得了一系列重大科研成果,有效提高了科技创新对战斗力的贡献率。

站在建校70周年的新起点上,学校恪守"厚德博学、强军兴国"校训,紧盯战争之变、科技之变、对手之变,组织动员百余名专家教授,编纂推出"军事高科技知识丛书",力求以深入浅出、通俗易懂的叙述,系统展示国防科技发展成就和未来前景,以飨心系国防、热爱科技的广大读者。希望作者们的努力能够助力经常性群众性科普教育、全民军事素养科技素养提升,为实现强国梦强军梦贡献力量。

校　长　黎　湘

国防科技大学

政治委员　徐爱国

院士推荐

杨学军

　　强军之道，要在得人。当前，新型科技领域创新正引领世界军事潮流，改变战争制胜机理，倒逼人才建设发展。国防和军队现代化建设越来越快，人才先行的战略性紧迫性艰巨性日益显著。

　　国防科技大学是高素质新型军事人才培养和国防科技自主创新高地。长期以来，大学秉承"厚德博学、强军兴国"校训，坚持立德树人、为战育人，为我军培养造就了以"中国巨型计算机之父"慈云桂、国家最高科学技术奖获得者钱七虎、"中国歼－10之父"宋文骢、中国载人航天工程总设计师周建平、北斗卫星导航系统工程副总设计师谢军等为代表的一茬又一茬科技帅才和领军人物，切实肩负起科技强军、人才强军使命。

　　今年，正值大学建校70周年，在我军建设世界一流军队、大学奋进建设世界一流高等教育院校的征程中，丛书的出版发行将涵养人才成长沃土，点燃科技报国梦想，帮助更多人打开更加宏阔的前沿科技视野，勾画出更加美好的军队建设前景，源源不断吸引人才投身国防和军队建设，确保强军事业薪火相传、继往开来。

中国科学院院士 杨学军

院士推荐

包为民

近年来，我国国防和军队建设取得了长足进步，国产航母、新型导弹等新式装备广为人知，但国防科技对很多人而言是一个熟悉又陌生的领域。军事工作的神秘色彩、前沿科技的探索性质，让许多人对国防科技望而却步，也把潜在的人才拦在了门外。

作为一名长期奋斗在航天领域的科技工作者，从小我就喜欢从书籍报刊中汲取航空航天等国防科技知识，好奇"在浩瀚的宇宙中，到底存在哪些人类未知的秘密"，驱动着我发奋学习科学文化知识；参加工作后，我又常问自己"我能为国家的国防事业作出哪些贡献"，支撑着我在航天科研道路上奋斗至今。在几十年的科研工作中，我也常常深入大学校园为国防科研事业奔走呼吁，解答国防科技方面的困惑。但个人精力是有限的，迫切需要一个更为高效的方式，吸引更多人加入科技创新时代潮流、投身国防科研事业。

所幸，国防科技大学的同仁们编纂出版了本套丛书，做了我想做却未能做好的事。丛书注重夯实基础、探索未知、谋求引领，为大家理解和探索国防科技提供了一个新的认知视角，将更多人的梦想连接国防科技创新，吸引更多智慧力量向国防科技未知领域进发！

中国科学院院士

院士推荐

费爱国

站在世界百年未有之大变局的当口，我国重大关键核心技术受制于人的问题越来越受到关注。如何打破国际垄断和技术壁垒，破解网信技术、信息系统、重大装备等"卡脖子"难题牵动国运民心。

在创新不断被强调、技术不断被超越的今天，我国科技发展既面临千载难逢的历史机遇，又面临差距可能被拉大的严峻挑战。实现科技创新高质量发展，不仅要追求"硬科技"的突破，更要关注"软实力"的塑造。事实证明，科技创新从不是一蹴而就，而有赖于基础研究、原始创新等大量积累，更有赖于科普教育的强化、生态环境的构建。唯有坚持软硬兼施，才能推动科技创新可持续发展。

千秋基业，以人为本。作为科技工作者和院校教育者，他们胸怀"国之大者"，研发"兵之重器"，在探索前沿、引领未来的同时，仍能用心编写此套丛书，实属难能可贵。丛书的出版发行，能够帮助广大读者站在巨人的肩膀上汲取智慧和力量，引导更多有志之士一起踏上科学探索之旅，必将激发科技创新的精武豪情，汇聚强军兴国的磅礴力量，为实现我国高水平科技自立自强增添强韧后劲。

中国工程院院士　费爱国

院士推荐

——

陆建华

当今世界，新一轮技术革命和产业变革突飞猛进，不断向科技创新的广度、深度进军，速度显著加快。科技创新已经成为国际战略博弈的主要战场，围绕科技制高点的竞争空前激烈。近年来，以人工智能、集成电路、量子信息等为代表的尖端和前沿领域迅速发展，引发各领域深刻变革，直接影响未来科技发展走向。

国防科技是国家总体科技水平、综合实力的集中体现，是增强我国国防实力、全面建成世界一流军队、实现中华民族伟大复兴的重要支撑。在国际军事竞争日趋激烈的背景下，深耕国防科技教育的沃土、加快国防科技人才培养、吸引更多人才投身国防科技创新，对于全面推进科技强军战略落地生根、大力提高国防科技自主创新能力、始终将军事发展的主动权牢牢掌握在自己手中意义重大。

丛书的编写团队来自国防科技大学，长期工作在国防科技研究的第一线、最前沿，取得了诸多高、精、尖国防高科技成果，并成功实现了军事应用，为国防和军队现代化作出了卓越业绩和突出贡献。他们拥有丰富的知识积累和实践经验，在阐述国防高科技知识上既系统，又深入，有卓识，也有远见，是普及国防科技知识的重要力量。

　　相信丛书的出版，将点燃全民学习国防高科技知识的热情，助力全民国防科技素养提升，为科技强军和科技强国目标的实现贡献坚实力量。

中国科学院院士

院士推荐

王怀民

　　《"十四五"国家科学技术普及发展规划》中指出，要对标新时代国防科普需要，持续提升国防科普能力，更好为国防和军队现代化建设服务，鼓励国防科普作品创作出版，支持建设国防科普传播平台。

　　国防科技大学是中央军委直属的综合性研究型高等教育院校，是我军高素质新型军事人才培养高地、国防科技自主创新高地。建校 70 年来，国防科技大学着眼服务备战打仗和战略能力建设需求，聚焦国防和军队现代化建设战略问题，坚持贡献主导、自主创新和集智攻关，以应用引导基础研究，以基础研究支撑技术创新，重点开展提升武器装备效能的核心技术、提升体系对抗能力的关键技术、提升战争博弈能力的前沿技术、催生军事变革的重大理论研究，取得了一系列原创性、引领性科技创新成果和战争研究成果，成为国防科技"三化"融合发展的领军者。

值此建校 70 周年之际，国防科技大学发挥办学优势，组织撰写本套丛书，作者全部是相关科研领域的高水平专家学者。他们结合多年教学科研积累，围绕国防教育和军事科普这一主题，运用浅显易懂的文字、丰富多样的图表，全面阐述各专业领域军事高科技的基本科学原理及其军事运用。丛书出版必将激发广大读者对国防科技的兴趣，振奋人人为强国兴军贡献力量的热情。

中国科学院院士

院士推荐

宋君强

习主席强调，科技创新、科学普及是实现创新发展的两翼，要把科学普及放在与科技创新同等重要的位置。《"十四五"国家科学技术普及发展规划》指出，要强化科普价值引领，推动科学普及与科技创新协同发展，持续提升公民科学素质，为实现高水平科技自立自强厚植土壤、夯实根基。

《中华人民共和国科学技术普及法》颁布实施至今已整整21年，科普保障能力持续增强，全民科学素质大幅提升。但随着时代发展和新技术的广泛应用，科普本身的理念、内涵、机制、形式等都发生了重大变化。繁荣科普作品种类、创新科普传播形式、提升科普服务效能，是时代发展的必然趋势，也是科技强军、科技强国的内在需求。

作为军队首个"科普中国"共建基地单位，国防科技大学大力贯彻落实习主席提出的"科技创新、科学普及是实现创新发展的两翼，要把科学普及放在与科技创新同等重要的位置"指示精神，大力加强科学普及工作，汇集学校航空航天、电子科技、计算机科学、控制科学、军事学等优势学科领域的知名专家学者，编写本套丛书，对国防科技重点领域的最新前沿发展和武器装备进行系统全面、通俗易懂的介绍。相信这套丛书的出版，能助力全民军事科普和国防教育，厚植科技强军土壤，夯实人才强军根基。

中国工程院院士 宋君强

军队信息化建设发展研究

主　　编：老松杨　蒋　杰

编写人员：刘戟峰　匡兴华　朱启超

　　　　　张　煌　汤　俊　阮逸润

　　　　　杨　征

　　加强信息化建设，加快推进机械化信息化智能化融合发展，是军队发展史上既广泛而又深刻的变革。在这场变革中，信息化建设具有战略性、牵引性和决定性作用，其建设程度直接决定着"三化"建设的广度、深度和进度。

　　本书共分四章，在概述信息技术发展现状及其对形成体系作战能力影响的基础上，从实现军队信息化的角度，分析了外军转型的经验教训，研究提出了信息化建设的体系结构和能力建设内容。第一章概述信息技术新发展及其对军队信息化建设的影响。首先介绍信息技术和军队信息化的概念，然后分别论述控制技术和传感器技术、计算机技术和通信技术、信息对抗技术、信息栅格与物联网技术、人工智能技术等信息技术的最新发展，在此基础上分析信息技术新发展对军队信息化建设的影响。第二章重点论述信息时代世界主要国家的军队转型及其特点。首先介绍军队转型的概念，然后分别概述美军、俄军、印军及日、英、法、德等国军队转型的主要情况及经验教训。第三章分析军队信息化建设内容体系及其具体建设内容。第四章提出基于信息系统的体系作战能力建设的思考。首先阐述对基于信息系统的体系作战能力的理解，在此基础上对基于信息系统的体系作战能力生成机理进行分析，最后提出对基于信息系统的体系作战能力建设运用问题的思考。

本书主编为老松杨、蒋杰，参加编撰的人员有蒋杰、刘戟锋、匡兴华、朱启超、张煌、汤俊、阮逸润、杨征。杨君燕、周天健两位研究生也参与本书部分内容的修订。蒋杰进行了组织和统稿。在这里表示衷心的感谢！本书编写过程中参考了许多国内外文献，也使用了许多互联网资料，由于资料收集渠道繁杂，参考文献中未能一一列出。在此，向这些文献、资料的作者表示感谢！

本书是作者关于军队信息化建设的多年研究思考，限于能力和水平，缺点和疏漏在所难免，敬请读者批评指正。

作　者

2023 年 3 月

目录

第 1 章

信息技术新发展及其对军队信息化建设的影响

自 20 世纪 60 年代开始，以微电子技术、传感器技术、计算机技术、通信技术等为代表的信息技术蓬勃发展，人类社会掀起了一股蓬勃的以信息技术为先导及核心的高新技术革命浪潮，促使人们的生产生活方式焕然一新，宣告信息化社会已经来临。进入新世纪以后，信息技术加速发展，进一步给社会信息化发展和军队信息化建设带来更广泛、更深刻的影响。

马克思、恩格斯高度重视科学技术对社会进步的巨大推动作用。马克思把科学技术看成"最高意义上的革命力量"。100 多年前，马克思针对纺织机械的发明和蒸汽机的广泛使用曾指出："蒸汽大王在前一世纪中翻转了整个世界。"我们可以认为，当代信息技术的发展和广泛应用所造成的影响，不但又一次"翻转了整个世界"，而且比以往任何一次翻转得更迅速、更彻底。

信息技术的最新发展，不但使得信息化社会的产业结构、生产力要素、生产方式以及生活方式进一步发生深刻变化，而且促使军事领域发生更深刻的变革。事实证明，随着信息技术的不断创新发展，军事技术和武器装备、军事理论、军队体制编制以及军事管理等各个方面都在持续从机械化战争形态向信息化战争形态转变。因此，不断跟踪研究信息技术的新发展及其对军队信息化建设的影响，有助于积极推进新军事革命，实现建设信息化军队和打赢信息化战争的战略目标。

1.1　信息技术与军队信息化

1.1.1　信息

1. 信息的定义

早在 1928 年，美国学者哈特莱在其发表的《信息传输》一文中就首次提出了信息的概念，认为"信息是一种预先未知的消息，能给人增加新的知识，不具备这种作用的消息，就不能称之为信息"。自那时起，信息逐渐成为家喻户晓的用语，而且人们从不同领域、不同角度给出了各种各样的信息定义。据百度百科提供的资料，国内外发表的研究"信息是什么"的文章有成千上万篇，即人们对于信息的概念给出了成千上万种的解释。由于信息概念界定的难度实在很高，以至于"信息是什么"被列入了《21 世纪 100 个交叉科学难题》中。

关于信息的定义很多，下面是一些经典定义：信息论的奠基人克劳德·艾尔伍德·香农在确定信息量计算方法时，认为"信息是能够用来消除不确定性的东西"；控制论的创立者诺伯特·维纳认为，"信息就是信息，既不是物质也不是能量"，信息是"我们在适应外部世界、控制外部世界的过程中同外部世界交换的内容的名称"；我国学者钟义信在《信息科学原理》一书中认为，信息就是主体所感知或所表述的事物运动状态和方式的形式化关系。

综合上述观点，从需要出发，我们可以从一般意义上来理解信息的概念，即：信息是事物存在及其运动或发展变化所发出的声、光、电、磁、热、力等特征信号或消息。军事上最关注的主要就是这些类型的信息，因此对信息概念的这种认识或理解，基本上能满足军事上的需要。

信息可分为自然信息、社会信息、人体信息和机器信息等。自然信息是人类在认识、适应和改造客观世界中需要感知和利用的来自自然界的信息，如气象信息、水文信息、天体信息、地理信息等。社会信息是人类从事社会活动的信息，如关于政治、经济、科技、军事、文化活动的信息等。人体信息是关于人体特征的信息，是最重要的生物信息，如防病治病所需要的关于人体状况的各种信息、关于人体生长发育的信息、遗传信息等。机器信息是人造的机器的信息，如机器运行中发出的各种物理信息，陆、海、空、天战场上关于武器装备目标及其部署、使用与损失情况的信息，电磁环境信息等。军事信息特别是战场态势感知信息，基本上都是包括上述各类信息在内的综合化的信息。

信息具有客观存在性、可感知性以及不同的应用价值等属性。信息被认为是一种重要资源，它与材料、能源共同构成了当代社会发展的三大支柱。

2. 信息的性质

信息的性质主要体现在以下几方面。

（1）事实性

事实是信息的中心价值，不符合事实的信息不仅没有价值，而且可能价值为负。信息反映了客观事物的运动状态和方式，但是信息不是客观事物本身，信息可以脱离事物本身而相对独立存在。事实性是信息的基本性质。信息系统中，应当充分重视信息的事实性，破坏信息的事实性必将会给管理、决策带来错误。

（2）时效性

信息的时效性是指从信息源发送信息，经过接收、加工、传递和利用所经历的时间间隔及其效率。时间间隔越短，使用信息越及时，使用程度越高，则时效性越强。一般来说，随着时间的推移，大多数信息的价值越来越低，只有少数如历史记载等信息会随时间的推移而增加价值。

（3）扩散性

信息的扩散是其本性，它总是力图冲破保密的非自然约束，通过各种渠道和手段向四面八方传播。信息的密度越大，信息源和接收者间的梯度越大，信息的扩散性越强。信息的扩散存在两面性，一方面它有利于知识的传播，另一方面可能造成信息的贬值。

（4）可传递性

信息可以通过多种传输渠道、采用多种传输方式进行传递，如报纸、书籍、无线电广播、电话，以及计算机网络和卫星等。正是信息的可传递性和易传递性，加快了信息资源的传播，加快了社会的发展。

（5）共享性

信息的共享性是其重要性质。它可以被共同接收，共同占有，共同享用。物质交换原则是一方得到一物，另一方必然失去一物。信息交换双方不仅不会因信息交换使其中一方失去信息，而且会增加新的信息。这种非零和的特性，造成信息共享的复杂性。信息的共享性有利于信息成为组织的一种资源。严格地说，只有达到信息共享，信息才真正成为资源。

（6）价值性

信息是经过加工的、有意义的数据，是一种资源，因而是有价值的。索取一份情报或者利用大型数据库查阅文献所付费用，是信息价值的体现。信息的使用价值必须经过转换才能得到，并且，如果信息寿命很短，转换就必须及时，否则，信息就没有什么价值了。信息又是可以增值的，在积累的基础上，信息的价值可能从量变产生质变。

3. 信息的质量

信息的质量是衡量一个信息系统建设和运用水平高低的根本指标。一般可以从以下三个方面来评价信息的质量，如图 1 - 1 所示。

（1）信息的时间维度

信息的时间维度包括两个指标：及时性，指用户在需要时能够及时获得信息；新颖性，指用户获得的是最新的信息。

（2）信息的内容维度

信息的内容维度包括三个指标：准确性，指用户获得的信息是已经过正确处理的；相关性，指用户只接收与当前工作相关的信息，即"得到的都是

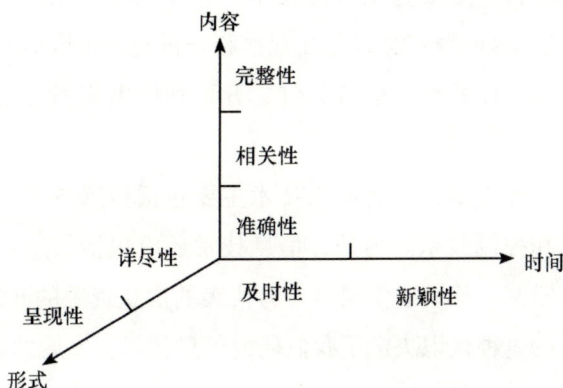

图 1 - 1 信息质量的评价模型

需要的，没有多余的"；完整性，指用户能够获得全部所需要的信息，即"需要的都能得到，没有遗漏"。

（3）信息的形式维度

信息的形式维度包括两个指标：详尽性，指用户能够按其所需的详尽程度获得概括信息或细节信息，即针对不同用户，信息粗细程度不同，使用户既不至于"信息饥渴"也不至于"信息淹没"；呈现性，指信息能够以最适当的展现形式（图/文/声/像、显示/打印、用户操作方式等）与用户交互。

1.1.2 信息技术

要研究信息技术的最新发展，首先应该明确信息技术的概念。不同学科、不同学者对于什么是信息技术（information technology，IT）存在不同的认识。国际标准化组织（international organization for standardization，ISO）将信息技术定义为："针对信息的采集、描述、处理、保护、传输、交流、表达、管理、组织、储存和补救而采用的系统和工具的规范、设计及其开发。"而百度百科的解释是："信息技术，也常被称为信息和通信技术（information and communication technology，ICT），是主要用于管理和处理信息所采用的各种技术的总称。它主要是应用计算机科学和通信技术来设计、开发、安装和实施信息系统及应用软件。主要包括传感技术、计算机与智能技术、通信技术和控制技术。"显然，这两种定义只存在观察和分析问题角度的不同，本质上并无区别。例如，前者以系统功能或设计、开发和应用流程为依据，后者则以技术领域为标准。

我们采用后者的界定，认为信息技术主要包括传感技术、计算机与智能技术、通信技术和控制技术。另外，信息技术还应包括信息安全或信息对抗技术，以及以互联网、移动通信网络等为代表的信息资源的开发利用技术等。对信息技术领域的这种认识决定了我们研究信息技术新发展的基本内容结构。

1.1.3　信息技术的基本特点

信息技术的基本特点是具有广泛的应用性、高度的融合性、巨大的影响力和发展的可跨越性等。

1. 广泛的应用性

信息技术可以广泛地应用于现代社会生产与生活的各个方面。正是信息技术广泛的应用性，才使得以高效快速传播及利用大量信息资源为主要特征的各种人类活动都强烈地依赖于信息技术。专家预测，在未来社会中，有三分之二的职业与信息技术有关，三分之一的职业高度依赖信息资源的开发利用。

2. 高度的融合性

融合性是指信息技术能够渗透到多种现存技术之中并将它们有机结合起来，利用信息融合实现技术的高度融合或综合集成，创造出比原有技术更先进、更有效的新技术、新系统，形成新的技术性能。例如，在武器装备的发展方面，将现代先进的电子信息装置嵌入机械化平台中，使平台与电子信息系统融为一体，形成"信息－物理"融合系统——信息化平台，并使其战术技术性能与机械化平台相比提高数倍甚至一个数量级以上。

3. 巨大的影响力

信息技术的发展和应用对人类社会的各个方面已经且必将进一步产生巨

大而深刻的影响。20 世纪 60 年代以来，信息技术的兴起，使得人类社会形成了一场波澜壮阔的以信息技术为先导和核心的高新技术革命。新技术革命浪潮的兴起，很快给经济发展以巨大影响，引发了产业结构和生产方式的革命性变化。信息产业已成为世界经济增长的决定性因素。

在信息产业高速发展的同时，几乎发展到了极限的传统制造业通过应用信息技术进行改造，也获得了向自动化、智能化发展的机遇。信息产业的崛起与壮大，以及采用信息技术进行改造的传统产业的新发展，使产业结构和生产方式发生巨大改变，社会生产力获得空前的提高。据世界经济合作与发展组织（organization for economic cooperation and development，OECD）估计，近 30 年来，世界各国创造的物质财富比此前人类几千年所创造的物质财富的总和还要多得多。

信息技术的高速发展迎来了信息产业和相关产业的兴起，不但使社会经济形态发生重大变化，而且使社会生活的各个领域都发生了前所未有的变化。互联网、卫星电视、笔记本电脑、手机以及各种数码产品的使用，促使人们的工作、学习和生活更加方便与丰富多彩，甚至可使世界各地的人们直接联系与交流。社会的组织结构、管理方式，人们的思想观念、学习与工作方法乃至生活习惯等都发生了深刻变化，人类文化与文明也因此进入了崭新的信息化时代。

4. 发展的可跨越性

一般认为，机械装置或系统的设计原理清晰，但其制造或建造对各类矿产资源和复杂的制造设备以及人的经验的依赖度很大，因而工程实现比较困难。相比较而言，信息技术装置或系统的原理、设计十分复杂，而主要以微电子元器件和程序设计为基础的工程实现难度相对小一些，信息技术专家设计出一种信息技术装置或系统就能将其制造出来。

显然，传统的工业制造技术很难实现跨越式发展，而信息技术在一定程度上可以实现跨越式发展。例如"亚洲四小龙"的经济起飞和"金砖国家"的崛起，几乎都与其依靠后发优势发展电子信息产业密切相关。印度现在拥有处于世界前列水平的软件产业，但其机械制造业的发展却要逊色得多。

1.1.4 信息技术的发展规律

人们在研究信息化建设问题时提出了关于现代信息技术的发展规律问题。一般认为，现代信息技术的发展遵循现代科技发展的普遍性规律，同时也呈现出自身独有的特殊规律。普遍性规律是与现代科学技术发展相一致的各类信息技术发展所呈现出的基本规律，特殊规律是一些有代表性的信息技术领域发展所呈现出的特有的规律。

1. 普遍规律

国内外科学界和科技史学界对现代科学技术的发展规律进行过专门研究，揭示出了科学技术发展的一般性规律，如科学技术发展的普赖斯指数增长规律和科学技术老化的负指数规律等。科学技术发展按指数规律快速增长形成了所谓知识爆炸的危机。科学技术的老化规律使得科学技术的更新换代周期越来越短。

科技计量学常用"半生期"越来越短来评价科技成果老化的规律。"半生期"的概念来源于放射性元素的"半衰期"，但含义不同。这里的"半生期"并不是某个科技成果生命一半的时间期限，而是当前正在使用的科技成果中占成果总数 50% 的较新的一半成果出现的时间到当前的时间间隔（年数）。这两个方面的规律对于高速发展的信息技术无疑也是适用的。只是信息技术发展的指数曲线更陡、增长速度更快，而老化速度也更快、"半生期"更短而已。

2. 特殊规律

信息技术发展的特殊规律主要指以集成电路技术为代表的微电子技术发展规律、以计算机与网络技术为代表的信息主体技术和应用技术的发展与应用规律。这是一些经验性结论，它们被称为信息技术发展的"五大定律"。

· 知识延伸

– 信息技术发展"五大定律" –

（1）摩尔定律

摩尔定律是英特尔公司的创始人之一戈登·摩尔（Gordon Moore）提出的关于集成电路集成度的增长规律。1965 年，摩尔在多年研究的基础上提出：集成电路上能被集成的晶体管数目，将以每 18 个月翻一番的速度稳定增长，并在今后数十年内保持着这种势头，也就是说，每 18 个月微处理器的处理能力大约翻一番。这一预测被称为摩尔定律。集成电路的技术发展大致证明了该定律的正确性。

（2）贝尔定律

贝尔定律是美国数字设备公司（digital equipment corporation，DEC）技术灵魂、小型机之父、最成功的小型机 VAX 的设计师戈登·贝尔（Gordon Bell）关于微处理器的发展特点和规律的经验性总结。1972 年，贝尔对于小型机所使用的微处理器技术发展做出如下预测：每 18 个月微处理器的价格和体积减少一半。这是对摩尔定律的补充，被称为贝尔定律。

（3）梅特卡夫定律

梅特卡夫定律是美国科技先驱、以太网络的发明者和著名的网络设备公司——3Com 公司的创始人罗伯特·梅特卡夫（Robert Metcalfe）发现的关于计算机网络技术发展的规律。梅特卡夫通过对网络发展及其盈利状况的长期观察和分析，发现这样一个规律：网络的价值与联网的用户数量的平方成正比。也就是说，网络用户越多，产生的效益和价值越大，即网络的价值 $r = K \cdot N^2$（其中 K 为价值系数，N 为用户数量）。1993 年，梅特卡夫这一发现被乔治·吉尔德正式提出，并命名为梅特卡夫定律。按照该定律，1 部电话没有任何价值，几部电话价值也非常有限，成千上万部电话组成的通信网络才能把通信技术的价值最大化。

（4）吉尔德定律

吉尔德定律是美国著名未来学家、经济学家，与尼古拉斯·尼葛洛庞帝、马歇尔·麦克卢汉并称为"数字时代的三大思想家"的乔治·吉尔德（George Gilder）提出的关于电脑及网络宽带资源的利用规律。20世纪90年代，吉尔德提出：最为成功的商业运作模式是价格最低的资源将会被优先消耗，以此来保存更昂贵的资源。在蒸汽机出现的时代，因为蒸汽机的成本已经低于当时传统的运输工具马匹，所以蒸汽机得到广泛使用。在信息时代，最为廉价的资源就是电脑及网络宽带资源。为此他提出，在未来25年，主干网的带宽将每6个月增加一倍，即网络传输速率每6个月增长1倍。这就是吉尔德定律，也称胜利者浪费定律。

（5）郭士纳定律（十五年周期定律）

国际商业机器公司（international business machines corporation，IBM）前首席执行官路易斯·郭士纳（Louis Gerstner）曾提出一个重要的观点：计算模式每隔15年发生一次变革。这一判断像摩尔定律一样准确，人们把它称为"郭士纳定律"或"十五年周期定律"。按照该定律，计算机技术和计算模式每隔15年发生一次变革：1965年前后的变革以大型机为标志，1980年前后以个人计算机的普及为标志，1995年前后则发生了互联网革命，而2010年前后物联网的普及无疑是新一轮变革的标志。事实证明，每一次这样的技术变革都引起信息技术新发展、信息及相关产业的重大调整以及竞争格局的动荡和变化。

应该指出，上述这些定律是对微电子技术、计算机和网络技术发展状况的经验性描述，不是永恒的物理定律。但它们正确地说明，在一定时期内信息技术发展非常快，要推动信息技术的发展、提高信息化的建设效益，就需要不断增加用户数量，扩大网络规模，但还需要考虑时间成本，即如果建设周期过长，花巨资研发的新系统就会贬值和落后，甚至没有完成研制就面临淘汰。解决技术发展快与建设周期长这一矛盾，必须走整体设计、综合集成、快速成型、普遍推广的道路，确保建设成果有价值、不落后。

1.1.5 信息化与军队信息化

信息化与军队信息化是社会概念，其内涵随着人类社会信息化、战争形态信息化和军队信息化建设的实践而不断丰富发展。

1. 信息化

信息化这个概念是日本社会学者梅棹忠夫 1963 年在其著作《信息产业论》中首先提出的。他认为，信息化是由工业社会向信息社会演进的动态发展过程，信息社会是信息产业高度发达并且在产业结构中占据优势的社会。1998 年在联合国发表的《知识社会》中对信息化也作了论述："信息化既是一个技术的进程，又是一个社会的进程。它要求在产品或服务的生产过程中实现管理流程、组织机构、生产技能以及生产工具的变革。"

对于信息化的定义，我国制定的《2006—2020 年国家信息化发展战略》是这样界定的："信息化是充分利用信息技术，开发利用信息资源，促进信息交流和知识共享，提高经济增长质量，推动经济社会发展转型的历史进程。"这一定义说明，对信息化的内涵应当把握以下三点：第一，信息化不仅反映了信息技术自身发展的水平，而且反映了信息技术与其他科学技术渗透融合、引领高新技术群在社会各领域广泛应用的发展过程；第二，信息化不仅包括生产工具、生产技能等生产力的发展，还涉及组织机构、管理流程等生产关系的变革；第三，信息化使信息资源上升到经济发展的主导地位，推进着社会的整体转型，是迈向信息时代的一个历史进程。

信息化的"化"，反映的是信息技术在社会中的普及程度，本质是把信息和信息技术完全融合到现代人类社会生产和生活的一切领域，使信息技术成为社会发展主要推动力。信息化的主体是全体社会成员，包括政府、军队、企事业单位、团体和个人；信息化的时域是一个长期的历史过程；信息化的空域是政治、经济、科技、军事、文化、外交等社会的一切领域；信息化的手段是基于现代信息技术的先进生产工具；信息化的途径是创造信息时代的社会生产力，推动社会关系和上层建筑的改革和转型；信息化的目标是使国家的综合国力、社会文明素质和人民生活质量全面达到信息时代的现代化水平。

2. 军队信息化

社会形态决定军队形态。人类社会由工业社会形态向信息社会形态全面转型，必然使得军队出现由机械化形态向信息化形态转型的根本变革。因此，信息化改变了战斗力内涵和生成模式，信息能力成为衡量军队现代化水平的重要标志。同时军队也面临新的机遇和挑战，必须回答在信息化条件下如何装备、如何训练、如何侦察、如何指控、如何打击等问题。

军队信息化，是在军队各个领域、各个层次广泛应用信息技术，发展改造武器装备，开发利用信息资源，聚合重组军队要素，提高体系作战能力，推进军队变革发展的过程。

军队信息化的上述内涵，包括了以下四个基本要点：

● 军队信息化的范畴是军队建设的各个领域，某一领域或局部的信息化不是完整意义的军队信息化。

● 军队信息化的主要手段和途径是广泛应用现代信息技术，充分开发利用信息资源，把信息技术和信息资源完全融合到军队建设和作战之中。

● 军队信息化的直接目的是聚合重组军队要素，提高以体系作战能力为核心的信息化作战能力，长远目标是建成信息化军队。

● 军队信息化的本质属性是整体转型，是从根本上改变军队的组织体制、力量结构及运用方式，产生与信息时代战争相适应的信息化军队的历史过程。

1.2　控制技术和传感技术的新发展

1.2.1　控制技术

1. 概述

控制技术是通信、电脑和控制的集合，将组织运行机制的各个部分视为一个系统，将管理的行为综合在一起，借助计算机进行处理，依靠信息系统进行管理。在控制技术当中，微电子控制技术是最基础的部分之一，在军队信息化建设发展中起到绝对的支撑作用，是决定军队信息化建设成果的关键性技术。微电子控制技术是随着集成电路（integrated circuit，IC），尤其是超大规模集成电路的广泛应用而发展起来的一门控制技术，它是信息技术的基础，是信息产业的核心技术。

微电子技术是关于电子元器件及电路微型化的技术，是"研究电子在半导体器件和集成电路中的物理现象、物理规律及其应用的技术，包括材料制备、器件结构、集成工艺、系统与电路设计、测试与封装、器件与应用、可靠性试验等一系列的基础理论、制造实践和应用技术"。微电子技术的核心和主体是集成电路技术。

以硅基集成电路的制造流程为例来说明什么是集成电路技术。按照图 1-2 所示的硅基集成电路制造流程，微电子技术包括以下主要技术。

● 半导体材料技术。半导体材料的进步是微电子技术及其产业发展的基础。目前，人们普遍认为半导体材料的发展和应用经历了三代。第一代半导体材料是元素半导体，主要包括锗（Ge）、硅（Si），最重要的是硅。第二代半导体材料是化合物半导体，主要包括砷化镓（GaAs）、磷化铟（InP）。第三代半导体材料是宽禁带半导体，主要包括碳化硅（SiC）、氮化镓（GaN）。以氧化镓（Ga_2O_3）、金刚石为代表的第四代半导体材料正在研发中。

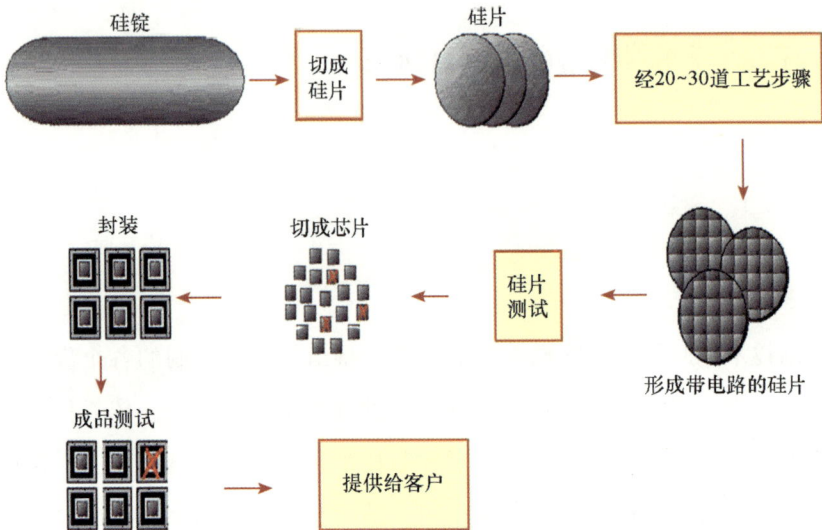

图 1-2 硅基集成电路制造流程

● 集成电路设计技术。经过几十年的发展演变，集成电路的设计技术已从最初的全手工设计发展到现在的先进的可以全自动实现的过程，特别是片上系统（system on chip，SoC）的出现，使集成电路设计技术从"电路集成"发展到了"系统集成"。从设计工具软件演变的过程划分，集成电路的设计技术经历了手工设计、集成电路计算机辅助设计（integrated circuit computer aided design，ICCAD）、电子设计自动化（electronic design automation，EDA）、电子系统设计自动化（electronic system design automation，ESDA）以及用户现场可编程门阵列（field programmable gate array，FPGA）阶段。

● 集成电路制造技术。集成电路制造技术包括半导体制造的基本工艺技术和大规模生产技术。半导体器件和集成电路常用的基本工艺技术有外延、离子注入、扩散、氧化、介质薄膜生长、金属化、光刻、刻蚀、化学机械抛光、背面工艺等。随着制造工艺的进步，所加工的硅片的直径越来越大，而器件特征尺寸却在不断缩小，单位面积上能够容纳的集成电路数量剧增，成品率显著提高，单位产品的成本大幅度降低，可靠性等性能指标显著提升，促进了生产的大规模化。当前，集成电路制造正处于大规模生产阶段。

● 集成电路封装技术。封装分为三级：从硅片制作出的各类芯片开始，将其封装成单芯片组件（single-chip module，SCM）和多芯片组件（multi-chip module，MCM）为一级封装；将一级封装产品和其他元器件一同组装到印刷电路板（printed-circuit board，PCB，又称 printed wiring board，PWB）或其他基板上为二级封装；将二级封装产品组装到母板上为三级封装。随着微电子封装技术及相关技术的不断发展和相互促进，国际上已形成"大封装"的概念。目前，微电子封装已逐渐摆脱作为电子制造后工序的从属地位而相对独立，并发展出了多种多样的封装技术，如方型扁平封装、球栅格阵列、芯片级封装、全引脚封装、多芯片组件和系统级封装等。

● 集成电路测试技术。集成电路测试技术贯穿集成电路制造和集成电路封装、应用的全过程。集成电路测试包含逻辑功能测试和直流、交流参数测试，一般分为合格或不合格测试以及分析测试。由于芯片制造和芯片封装厂家都难以满足各类用户对集成电路电性能参数测试的不同要求，因此集成电路测试常常由独立的测试公司来完成，并逐渐形成了独立的测试产业。

由于各种电子信息技术装置或系统主要都是由微电子器件构成的，在某种程度上，离开微电子技术就无电子信息技术甚至整个信息技术可言，因此微电子技术的发展受到世界主要国家的高度重视。

2. 微电子控制技术的新发展

近年来微电子技术的发展特点表明，微电子技术将进入纳米、三维、多功能集成时代，向高集成度、高性能、低功耗、高可靠、长寿命、抗辐射等方向发展，其应用的深度和广度也在迅猛发展。

（1）小型化

微电子器件正从亚微米进入纳米时代。数据统计表明，近几十年集成电路的发展一直遵循摩尔定律，作为衡量集成电路技术水平主要指标的线宽，已缩小到原来的 1/140，单个晶体管平均价格降低 10^7 数量级。目前，器件的线宽继续以每 3 年达到一个新的工艺节点的速度向前发展。2021 年，IBM 公司发布全球首个2纳米芯片制造技术。2022年，英特尔公司量产芯片已采用7纳米工艺，集成度超过1 000亿个晶体管。英特尔公司计划最早于2024年采用2纳米工艺量产晶体管器件。

（2）多功能化

集成电路正从单一功能向多功能方向发展，最典型的产品是片上系统。所谓片上系统，是将微处理器、存储器和逻辑电路等集成在单一芯片上，具有特殊功能的标准产品。片上系统具有数据存储与数据处理等多种功能，电子装备采用这种芯片之后，所需芯片数量大大减少，从而能缩小体积、减轻重量、降低功耗、提高可靠性。片上系统的高效集成效能，已成为微电子芯片发展的必然趋势，甚至被认为将引发微电子技术革命。

2008年以来，FANUC自动化公司、IBM公司、恩智浦半导体公司和飞思卡尔半导体公司先后开发出多种采用片上系统的嵌入式处理器。2021年9月，LuminWare发布了最新的调频连续波（frequency modulated continuous wave, FMCW）控制器片上系统，如图1-3所示，其采用多通道并行架构设计，集成多种关键的光信号处理单元，已经能够满足激光雷达的市场应用需求。现在已经量产的智能电视和智能手机上使用的智能芯片实际上也是片上系统。

图1-3 FMCW OE2新型控制器片上系统

（3）三维化

二维集成电路中的金属互连线的信号延迟已成为限制其电路速度的一个重要因素，而正在发展的三维微电子技术能解决这一问题。三维集成电路基于各种元器件二维的有效堆叠，是多层立体化的三维结构电路，一般可分为多层高密度集成电路和多层多功能集成电路。三维集成电路的制造方法是：先在硅片表面做第一层电路，然后在做好电路的硅片上生长一层绝缘层，在此绝缘层上再低温生长一层多晶硅，用再结晶技术使这层多晶硅变成单晶硅，接着在此单晶硅膜上做出第二层电路。这样依次往上做，就形成三维立体多层结构的集成电路。

三维集成电路可提升芯片密度和性能，并降低芯片功耗。三维技术的难点源自工艺，即实现元器件层的三维工艺需要深亚微米片上系统的无缝隙集成技术，包括三维封装和三维集成。美国国防高级研究计划局（defense advanced research projects agency，DARPA）长期以来开展这一技术的研究。2011 年，英特尔公司研制出了采用三维鳍片结构的三维集成电路，该结构减少了面积，使性能提高了 37%，功耗降低了 50%，被认为是 50 多年来半导体发展史上最重要的突破。美国超威半导体公司（advanced micro devices，AMD）在其 2020 年财务分析师日发布了其新型的封装技术——X3D 封装，该技术是将 3D 封装和 2.5D 封装相结合。同时，由于硅基芯片的发展已经逼近极限，碳基芯片即基于纳米碳材料晶体管制造的芯片，被认为是最可能代替硅基芯片的次时代技术。

（4）应用深度和广度迅猛扩展

微电子控制技术的应用已延伸至各行各业，并且仍在以迅猛的速度发展。在军用方面，微电子控制技术的发展与应用使各类指挥控制、预警、侦察、信息对抗、信息获取等信息系统的性能获得极大提高，特别是使得以微电子控制技术为基础的各种嵌入式电子信息装置大量问世，并被广泛应用于各类高技术武器系统中，使武器装备发展成为集机械化和信息化于一体的"信息－物理融合系统"。

在技术和产业发展方面，微电子控制技术与其他领域技术的融合，不断催生出新的技术与产业增长点。例如，半导体集成电路微细加工和超精密机械加工技术的发展，推动了微电子技术与机械技术领域的结合，微电子机械系统（micro-electromechanical system，MEMS，又称微机电系统）蓬勃发展。微电子机械系统是指可批量制作的，集微型机构、微型传感器、微型执行器以及信号处理和控制电路，乃至接口、通信和电源等于一体的微型器件或系统。

2005 年，全世界有 600 余家单位从事 MEMS 的研制和生产，形成产业化的 MEMS 产品已经有几百种。近年来，一些国家的科研机构在继续进行微机电系统的基础研究和器件开发，如在美国 DARPA 的主持或支持下，有关公司或研究单位在微机电系统材料、设计、封装、微系统集成、测试、加固等的研究方面取得了一系列进展，并开发出多种 MEMS 传感器、惯性器件和被称为"赛博格"（cyborg）的机器昆虫等。2020 年，xMEMS Labs 宣布推出全球第一款真正的单芯片 MEMS 扬声器——Montara，首次达到 IP 57 等级。通过在硅晶圆上构建整个扬声器（执行器、振膜），Montara 降低了封装高度，并消除了由于振膜固有的一致性问题所需要的驱动匹配和校准。2022 年，该公司又发布了全球第一款集成 DynamicVent 主动通气技术的单片 MEMS 微型扬声器，通过耳塞系统数字信号处理器（digital signal processor，DSP）的传感器融合数据智能地打开或关闭通气孔，兼具开放式和封闭式耳塞的优点。在未来，MEMS 的应用将继续不断扩大其在信息感知、处理、传输、能源等领域的影响力，向多项功能高度集成化和组合化、传感器智能化、低功耗及自供能、尺寸微型化和晶圆尺寸扩大化的方向发展。

1.2.2　传感技术

传感或探测技术是感知环境或目标信息的技术。其核心是传感器及其应用技术。军事上常用雷达、光电探测器、水声探测器、地面传感器和导航定位系统等装备获取目标信息。总体上看，所有这些技术都在快速发展中，并取得了重要成果。如：美国研制出采用氮化镓固态功率器件的新型有源相控阵雷达、视频合成孔径雷达、舰载双波段雷达；丹麦、英国和我国研制出手持式微型穿墙雷达；美国和德国研制出了采用性能远高于碲镉汞材料的应变超晶格材料制造的红外焦平面阵列探测器（其像素增加 16 倍，工作温度 81 开，能够采集 78% 的光能量，最小可探测温度为 0.02 开）；等等。其中，无线传感器网络（wireless sensor network，WSN）技术的发展尤其引人注目。

1. 无线传感器网络技术概述

（1）基本概念

随着微型传感器技术的发展和无线技术作为传递数据的方式正在得到越来越多的应用，无线传感器网络技术受到广泛关注。

无线传感器网络是由部署（通过飞机抛撒或人工布置的方式）在观测环境附近的成千上万个微型、低功耗的传感器网络节点形成的一种自组织的网络系统。它能够在网络覆盖区域协同地感知、采集和处理感知目标的信息，并以多跳中继方式将数据传输至中继转发器节点，最后再通过该节点将整个区域内的数据传送至远程控制中心，或者通过互联网或本地的局域网直接传至用户。其网络结构及信息流程如图 1-4 所示。

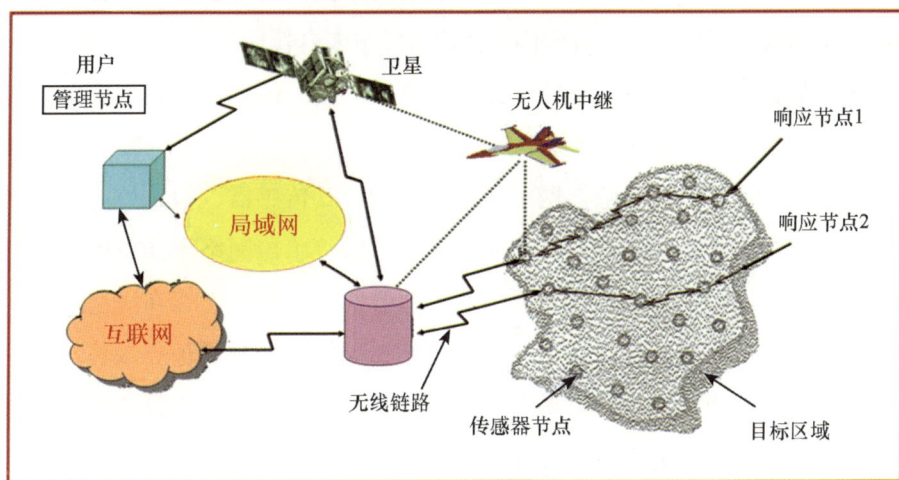

图 1-4　无线传感器网络结构及信息流程

无线传感器网络的主要构成部分是传感器网络节点。传感器网络节点分为传感器节点（end device）、汇聚节点（router）和管理节点（coordinator）

三种。

传感器节点是由声波、红外、电磁、图像生成器和微型雷达等传感器单元，信息处理器单元和信息传输单元组成的多功能、一体化装置。传感器单元对环境进行观测，所获得的模拟信号通过数模变换器变成数字信号，然后送到处理器单元。处理器单元通常主要由中央处理器（central processing unit，CPU）、存储器和嵌入式操作系统组成，用于处理来自传感器单元的数字信息。信息传输单元将传感器节点与网络连接起来，以无线通信方式传输信息。传感器节点的信息处理能力、存储能力和通信能力相对较弱，通过小容量电池供电。从网络功能上看，每个传感器节点除了进行本节点的信息收集和数据处理，还要对其他节点转发来的数据进行存储、管理和融合，并与其他节点协作完成一些特定任务。

汇聚节点，又称中心节点，是一个具有增强功能的传感器节点，其信息处理能力、存储能力和通信能力相对较强，电池容量较大。它是连接传感器网络与外部网络的网关，能实现两种协议间的转换，把传感器网络收集到的数据转发到外部网络上，同时向传感器节点发布来自管理节点的监测任务。

管理节点用于动态地管理整个无线传感器网络。传感器网络的所有者通过管理节点访问无线传感器网络的资源。

不同的应用对无线传感器网络的要求不同，其传感器、信息处理硬件和软件系统以及网络协议必然会有很大差别，所以传感器网络不能像因特网一样有统一的通信协议平台。对于不同的传感器网络应用虽然存在一些共性问题，但在传感器网络的建设和应用中，传感器网络的差异更值得关注。只有让系统更贴近应用，才能做出最高效的目标系统。针对每一个具体应用来研究传感器网络技术，是传感器网络设计不同于传统网络的显著特征。

无线传感器网络的关键技术主要有路由协议技术、网络管理技术、网络化嵌入和信息化处理技术、自我感知对等网络技术、群体控制技术、自适应拓扑控制技术、自适应网络技术和网络防御技术等。

（2）特点与应用

无线传感器网络具有大规模、自组织、动态性、可靠性、以数据为中心等一系列特点。

大规模。无线传感器网络的大规模性包括两方面的含义：一是大量（数百或成千上万，甚至更多）传感器节点分布在很大的地理区域内，如在原始森林采用传感器网络进行森林防火和环境监测，需要部署大量的传感器节点；二是在面积较小的空间内密集部署大量的传感器节点。传感器网络的大规模性具有如下优点：通过不同空间视角获得的信息具有更大的信噪比；通过分布式处理大量的采集信息能够提高监测的精确度，降低对单个节点传感器的精度要求；大量冗余节点的存在，使得系统具有很强的容错性能；大量节点能够增大覆盖的监测区域，减少洞穴或者盲区。

自组织。在无线传感器网络应用中，通常情况下传感器节点的位置不能预先精确设定，节点之间的相互关系也不便预先确定，如通过飞机抛撒大量传感器节点到面积广阔的原始森林中，或随意放置到人不可到达或危险的区域。这样就要求传感器节点具有自组织的能力，能够自动进行配置和管理，通过拓扑控制机制和网络协议自动形成转发监测数据的多跳无线网络系统。

动态性。无线传感器网络的拓扑结构可能因为下列因素而改变：环境因素或电能耗尽造成传感器节点故障或失效；环境条件变化可能造成无线通信链路带宽变化，甚至通信时断时通；传感器网络的传感器、感知对象和观察者这三要素都可能具有移动性；新节点加入。这就要求传感器网络系统能够适应这种变化，具有动态的系统可重构性。

可靠性。无线传感器网络特别适合部署在恶劣环境或人类不宜到达的区域，节点可能工作在露天环境中，遭受日晒、风吹、雨淋，甚至遭到人或动物的破坏。传感器节点往往采用随机部署，这就要求传感器节点非常坚固，不易损坏，能适应各种恶劣环境条件。同时，由于监测区域环境的限制以及传感器节点数目巨大，不可能人工"照顾"每个传感器节点，网络的维护十分困难。传感器网络的通信保密性和安全性也十分重要，要防止监测数据被盗取和伪造。因此，传感器网络的软硬件必须具有鲁棒性和容错性。

以数据为中心。与以地址为中心的互联网不同，无线传感器网络是一个以数据为中心的网络。互联网是先有计算机终端系统，然后再互联成为网络，终端系统可以脱离网络独立存在。在互联网中，网络设备用网络中唯一的国际互联网协议（internet protocol，IP）地址标识，资源定位和信息传输依赖终端、路由器、服务器等网络设备的 IP 地址。如果想访问互联网中的资源，首先要知道存放资源的服务器 IP 地址。可以说，现有的互联网是一个以地址为中心的网络。

无线传感器网络是任务型的网络，脱离传感器网络谈论传感器节点没有任何意义。传感器网络中的节点采用节点编号标识，节点编号是否具有唯一性取决于网络通信协议的设计。由于传感器节点随机部署，构成的传感器网络与节点编号之间的关系是完全动态的，节点编号与节点位置没有必然联系。用户使用传感器网络查询事件时，直接将所关心的事件通告给网络，而不是通告给某个确定编号的节点。网络在获得指定事件的信息后汇报给用户。这种以数据本身作为查询或传输线索的思想更接近于自然语言交流的习惯，所以通常说传感器网络是一个以数据为中心的网络。例如，在应用于目标跟踪的传感器网络中，跟踪的目标可能出现在任何地方，对目标感兴趣的用户只关心目标出现的位置和时间，并不关心哪个节点监测到目标。事实上，在目标移动的过程中，必然是由不同的节点提供目标的位置消息。

无线传感器网络也存在一些不足，如节点能源受限、节点通信能力和计算能力以及存储容量有限等。但无线传感器网络所具有的上述一系列优点，使其获得了广泛的应用，如在军事上可应用于侦察监视、兵力兵器监控、物流管理、生化武器攻击监测、医疗救护等。

2. 无线传感器网络技术的新发展

无线传感器网络具有重要的经济和军事应用价值，引起了世界许多国家的工业界、学术界以及军事部门的极大关注。

无线传感器网络技术发展经历了三个阶段。目前正处于第三阶段的新发展时期。

第一阶段：20 世纪七八十年代，发展可感知与传输信息的传感器。如美军曾研制出树枝状或石头状的可实现点对点通信的传感器。在越南战争中美军为轰炸"胡志明小道"而投放了 2 万多个"热带树"传感器，导致越军 4.6 万辆卡车被炸毁。

第二阶段，20 世纪八九十年代，开展分布式、具有三位一体功能的传感器网络的研究。在已有研究的基础上，1980 年美国国防高级研究计划局确定的分布式传感器网络项目开启了现代传感器网络研究的先河。此外，美国还研制建立了海军的协同交战能力（cooperative engagement capability，CEC）系统中的传感器网络系统。

第三阶段：21 世纪以来，美国、日本、英国、法国、意大利、巴西等国家都对传感器网络表现出了极大的兴趣，纷纷展开了该领域的研究工作，主要是研制建立采用低功耗、节点小型和微型化、信息传输自组织的无线传感器网络。例如，美国国防部的 IRST Block Ⅱ 红外/光电传感器、AN/APS – 154 传感器以及海上智能浮动传感器系统的研究均已取得重大进展，有的已可投入实际应用。

其中，IRST Block Ⅱ 传感器系统由无源长波红外接收器、处理器、惯性测量单元与环境控制单元组成，与其电源及冷却组件所组成的吊舱被安装于机腹下方 FPU – 13 副油箱的前端。该型传感器是被动式长波红外传感器，结合了红外和其他传感器技术，不会受到现有电子干扰手段的影响，可实现高精度瞄准，并能够在强电子干扰环境下的有效距离内侦测到隐身飞机。该传感器系统为美国航母的舰队防空增加了一种全新的反隐身搜索方式，提升了航空力量作战群中的战机独立作战的能力与生存能力。

同时，DARPA 的 N – ZERO 项目已于 2020 年 5 月完成，如图 1 – 5 所示，为无人值守的传感器系统建立了睡眠但持续报警的感知能力，这些传感器由特定的物理或射频信号触发，使用寿命将被延长至数年，将使无人值守传感技术在缺乏固定能源基础设施的地区实现成本效益和安全部署。该项目的研究使得美军不必进入潜在战区即可收集情报，并大幅减少了美军进入危险地区更换传感器的次数，还将有望推动智能传感器的研发进程，使得美军物联网中的无人值守传感器网络得以近乎无限期运行下去，探测偶然且具时敏性的事件，为物联网的应用普及奠定重要基础。

图1-5 N-ZERO项目传感器系统

无线传感器网络发展在技术上主要面临的问题是，建立视觉传感器网络、提高水下精确定位能力、增大传感器节点间的有效传输距离、实现地面传感器网络与大量航空以及航天传感器的组网、进一步解决节电问题（节点电池电量一旦用完，节点即无用）、制定"六层"的网络协议标准（含应用层、传输层、网络层、数据链层、物理层和管理层）等。随着这些技术问题的解决，未来将建立功能更强大的立体化的无线传感器网络。

1.3　计算机技术和通信技术的新发展

1.3.1　计算机技术

作为现代信息技术支柱的计算机技术，已进入超微型化、开放系统、网络计算、移动计算、多媒体、超级计算等全面迅速发展的时代，崭新的量子计算机和生物计算机相关研究工作也在陆续取得进展。以下重点介绍超级计算机和云计算技术。

1. 超级计算机

（1）超级计算机概述

超级计算机通常指由数百、数千甚至更多的处理器［包括中央处理器（CPU）和/或图形处理器（graphic processing unit，GPU）］组成的，能执行普通个人计算机（personal computer，PC）和服务器不能完成的大型复杂课题运算的计算机。

目前各种超级计算机的高速处理能力基本上都是利用并行体系结构实现的。简单地说，并行计算技术就是同时运行多个处理器或计算机来处理同一任务，从而大幅度提高任务的处理速度、缩短任务处理时间。其具体结构形式有多种，但绝大多数都是采用机群式结构，即采用高速互连网络将大量计算节点相互连接起来，每个节点都是一台高性能微型机或工作站或对称式多处理系统并行计算机，各节点以访问方式并行完成计算任务，如图 1－6 所示。采用机群式结构具有结构灵活、通用性强、安全性好、易于扩展、可用性与性价比高等优点。

在服务器结构设计方面，新一代超级计算机采用很薄的刀片式（或卡片式）设计，能实现协同工作，并可根据应用需要随时增减服务器。这种结构可在标准高度的机柜内插装大量卡片式服务器单元，提高处理能力，节省空

图 1-6　超级计算机的机群式结构

间，减少耗电，大大降低管理运行费用等。一台超级计算机的处理器安装在
大量（数十至数百个）机柜中。

超级计算机是计算机中功能最强、运算速度最快、存储容量最大的一类
计算机。其技术复杂、制造成本高、耗电量高，多用于国家尖端技术领域的
研究，是国家科技发展水平和综合国力的重要标志。

（2）超级计算机的新发展

目前，美国、日本、德国、法国、意大利、俄罗斯和中国等均具有发展
超级计算机的技术实力。

截至 2022 年 6 月，排在世界超级计算机排行榜第一位的是美国橡树岭国
家实验室研发的 Frontier（前沿）计算机，它使用 AMD 的 64 核 EPYC Trento
处理器、Instinct MI250X 计算 GPU 和 Hewlett Packard Enterprise（HPE）的
Slingshot 互连，能以 21 兆瓦功率提供高达 1.685 FP64 exaflops 峰值性能的系
统。日本 Fugaku（富岳）和芬兰 LUMI 超算分列二、三名。

一个国家的超算能力并不是由一台计算机决定的，而是取决于整个国家
拥有的超算数量和总算力。截至 2022 年 11 月，在入围"全球超算 TOP500
强"的超级计算机数量上，中国占据 162 台，比欧洲多 31 台，比美国多 36
台，位居世界第一。在算力方面，美国在已部署的算力中以 43.2% 排名第一，
日本以 19.6% 排名第二，中国以 10.6% 位列第四。此外，通过建立多个应用
中心，我国超级计算机的应用能力也将不断提高。例如，2022 年 10 月 9 日，
国家超级计算长沙中心"天河"新一代超级计算机启动运行，新一代超级计
算机系统的综合算力是前一代的 150 倍，双精度浮点峰值计算性能达每秒 20

亿亿次，相当于百万台计算机的计算能力。目前，天河计算机已为石油勘探、高端装备研制、生物医药、动漫设计、新能源、新材料、工程设计与仿真分析、气象预报、遥感数据处理、金融风险分析多个领域提供高性能计算服务支持。在国家政策的支持下，国家超级计算广州中心、国家超级计算深圳中心等也在面向社会提供科技支持。

2. 云计算技术

近年来，被信息技术界认为代表未来计算技术的发展方向并将带来整个 IT 行业变革的新型计算模式——云计算异军突起，保持着强劲发展势头。

（1）云计算技术概述

"云计算"的设想是谷歌（Google）公司在相关研究基础上正式提出来的。云计算是分布式计算、并行计算、网格计算的自然延伸，是一种业务模式的创新。云计算代表着未来计算技术的发展趋势，将带来整个 IT 行业的变革。

云计算就是在计算机网络（互联网或用户单位内部网）中构建的像无边无际的"云"一样的计算资源集群或基础设施（包括数十万台甚至上百万台计算机、服务器、存储备份设备以及各种软件等），从而形成一种能够按照一定规则协同运行、非常便于用户使用的计算模式。在该模式下，用户不再需要购买大量复杂的硬件和软件，而是通过台式电脑、笔记本、手机等接入网络，利用网络上的计算资源集群，完成各自所需的 IT 服务，而最后用户只需向"云计算"服务提供商支付其利用资源的费用。

根据上述概念可知，云计算具有超大规模、虚拟化、高可靠性、通用性、高可扩展性、按需服务、效率高和价格低廉等特点。以最后一点为例，《纽约时报》要将其档案中的 1 100 万篇文章进行文档格式的转换，其内部 IT 部门认为这项工作需要花上 7 个星期时间；而一名 IT 工程师采用云计算的方式，花了不到 300 美元，在 24 小时之内就完成了这项工作。

云计算是分布式计算、并行计算和网格计算等计算机科学概念的商业实现，意味着计算能力也可以作为商品进行流通，这标志着计算机应用模式从以计算能力为中心转向以全面服务为中心。云计算系统的运行可形成超过当今世界最先进的计算机的运算能力。云计算可为经济和军事发展提供强大创新能力。专家们认为，谁能掌握与控制云计算核心技术，谁就能赢得未来发展的战略主动权。

云计算的服务形式主要包括：基础设施即服务（IaaS），即消费者通过互联网可以从完善的计算机基础设施获得服务；平台即服务，即将开发环境作为软件开发平台来提供服务；软件即服务，即通过网络提供软件，用户无须购买软件，而是向提供商租用基于 Web 的软件来进行各种业务活动等。云计算的关键技术主要包括虚拟化技术（含存储虚拟化、计算虚拟化、网络虚拟化等）、海量数据分布存储技术、海量数据管理技术、编程模型、云计算平台管理技术等。

2009 年，美国国家标准与技术研究院提出，云计算的部署模式有以下四种：私有云——云基础设施只为某一组织机构独享；社区云——云基础设施由若干组织机构共享，并支持有共同兴趣或需求的某一社区；公共云——云基础设施为一般大众或大型工业团队所用，并由一个出售云服务的组织机构所拥有；混合云——云基础设施是两种或两种以上的云的组合。

但正如许多计算机专家所指出的，云计算的发展也面临一系列困难和问题，主要有技术标准的制定、安全保密和巨额的经费投入等。

（2）云计算技术的发展

云计算异军突起后，很快从启动研发阶段进入成熟阶段，现已迎来相关产品的大量开发和广泛应用的局面。

云计算的研发活动起源于美国。2003 年，美国国家科学基金会（national science foundation，NSF）投资 830 万美元支持由美国七所顶尖院校提出的"网格虚拟化和云计算"项目，由此正式启动了云计算的相关研究工作，许多云计算系统很快投入应用。2006 年，以亚马逊（Amazon）公司推出的简单存储服务（simple storage service，S3）和弹性计算云（elastic compute cloud，EC2）为标志，云计算服务即进入成熟阶段。此后，谷歌、微软、IBM 和苹果公司纷纷开展研究，2008 年以后的短短 3 年时间内各自都推出了自己的云计算系统或产品。如 2009 年 4 月，谷歌推出了 Google 应用程序引擎（google app engine，GAE），这种服务让开发人员可以编译基于 Python 的应用程序。同期，微软公司推出了 Windows Azure 操作系统，这个系统作为微软云计算计划的 Server 端云操作系统（cloud operating system，Cloud OS）为广大开发者提供服务。IBM 于 2007 年提出了"蓝云"计划，推出"公有云"和"私有云"的概念。微软公司已与全球 7 000 家合作伙伴一起帮助 2 000 万家企业启动云计算。

美军对云计算技术高度关注，并立即建立了云计算系统，还要求商业和军事计算机研究人员帮助国防部建立安全可靠的强大的云网络。2011 年，DARPA 启动了"面向任务的弹性云"（mission-oriented resilient clouds，MRC）项目，主要目标是帮助美国国防部保护已建立的重点任务云计算体系不受外部威胁，在面对网络攻击时保障任务的持续有效。紧接着，美国国防部发布《云计算战略》，目标是创建一种更迅速、更安全、更节省的服务环境，把国防部的业务和任务转移到云计算环境中，以满足不断变化的任务需求。

除美国外，英国、日本和印度等国家的政府都提出了各自的云计算发展规划。如 2010 年 8 月 16 日，日本经济产业省发布了《云计算与日本竞争力研究》报告，从完善基础设施建设、改善制度和鼓励创新三方面推进云计算发展，计划通过开创基于云计算的新服务，培育出规模超过 40 万亿日元的新市场。

在我国，云计算是七大战略性新兴产业之一——新一代信息技术的重要内容，其发展也非常迅猛。2009 年初，阿里在南京建立了国内首个"电子商务云计算中心"。同年 11 月，我国首家云计算产业协会在深圳成立，我国的云计算正式起步。2018 年华为全联接大会上，华为云发布了全栈全场景 AI 战略和一系列 AI 服务，基于昇腾系列芯片，华为云全面提升云主机、容器、裸金属等各种形态的云服务性能，加速 AI 在各行各业的规模落地。2019 年 3 月，阿里云和数据港签订业务合作协议，将在云计算领域展开深入合作，联合上百家垂直领域的独立软件开发商和解决方案提供商加入阿里云的生态体系，为大中型企业提供包括金融、政务、医疗健康、音视频、物联网等十几个垂直行业的一站式云端解决方案。

中国信息通信研究院发布的《云计算白皮书（2022 年）》显示，我国云计算市场持续高速增长。2021 年我国云计算总体处于快速发展阶段，市场规模达 3229 亿元，较 2020 年增长 54.4%。其中，公有云市场继续快速增长，规模增长 70.8%，达 2181 亿元，有望成为未来几年中国云计算市场增长的主要动力；与此同时，私有云市场突破千亿大关，同比增长 28.7%，达 1048亿元。

近年来，国家出台了多项与云计算密切相关的政策。2022 年 4 月 6 日，工信部印发《工业互联网专项工作组 2022 年工作计划》，提出要在 2022 年加速已有工业软件云化迁移，推动行业龙头企业核心业务系统云化改造，带动产业链上下游中小企业业务系统云端迁移，为云计算的发展提供更加有力的支持。

1.3.2 通信技术

通信技术作为现代信息技术的核心技术之一，被称为信息系统的纽带。通信技术的范围非常广泛，以下重点介绍移动宽带通信技术、认知无线电技术等发展很快的通信技术。

1. 移动宽带通信技术

（1）移动宽带通信技术与 3G 技术的发展

移动宽带通信技术指的是在第三代（3G）移动通信系统基础上发展起来的第四代（4G）移动通信技术和第五代（5G）移动通信技术。

3G 是指支持高速数据传输的蜂窝移动通信技术。蜂窝移动通信系统也叫"小区制"系统，是一群由无线通信基站覆盖的大量形似蜂窝的小区组成的移动通信系统。这种系统由移动业务交换中心、基站设备、移动台（用户设备）

以及交换中心至基站的传输线组成。通常将通信所要覆盖的地区划分为若干个正六边形的小区（根据数学理论，正六边形是覆盖面积很大的图形，而且大量正六边形可通过无缝连接对确定区域进行无缝覆盖。出于节约构建成本和有效覆盖的考虑，移动通信系统采用正六边形小区是最好的选择）。每个小区的半径可视用户的分布密度确定为 1 ~ 10 千米（可通过小区分裂进一步提高系统容量）。在每个小区设立一个基站，为本小区范围内的用户提供无线通信服务。一个小区的移动用户要与小区外的用户通信，则经基站通过电缆、光缆或微波链路等有线传输线路链接到移动业务交换中心实现越区切换（自动跨网漫游）；或者通过有线传输线路与市话局相连，然后进入有线市话网（与固定用户通信）。蜂窝移动通信系统可提供话音、数据、视频图像等传输业务。

相比于初期的第一代模拟制式手机（1G）和第二代全球移动通信系统数字手机（2G），第三代蜂窝移动通信（3G）技术是能够把无线通信与互联网等多媒体通信进行结合的新一代通信系统。3G 的主要优点是可以支持更加形象生动的移动多媒体业务，能够对音乐、视频流、图像等多种类型的媒体进行处理，可以提供浏览网页、电子商务、电话视频会议等大量的信息服务。

国际电信联盟（international telecommunication union，ITU）在 2000 年确定了"IMT - 2000"（国际移动电话 2000）标准以后，3G 技术在全世界迅速发展。国际电信联盟一共确定了全球四大 3G 标准，分别是：欧洲主导的宽带码分多址（wideband code division multiple Access，WCDMA）标准；美国高通公司主导的 CDMA 2000 标准，采用该标准的系统可以从原有的 CDMA One 结构直接升级到 3G；中国自行开发的时分同步 CDMA（time-division-synchronous code division multiple access，TD-SCDMA）标准和全球微波接入互操作性（world interoperability for microwave access，WiMAX）标准。其中，前三个标准是用于手机通信的标准，后一个标准是用于无线城域网的标准，是解决网络移动互联"最后一公里"的技术标准。

（2）4G 技术的发展

3G 技术由于带宽和覆盖范围等有限，不能满足人们对通信的实际需要，于是产生了第四代移动宽带通信（4G）技术。

4G 技术是一些国家通信行业共同实施的 3G 合作项目——长期演进计划所发展的移动宽带通信技术，目标是将 4G 技术提前运用到 3G 网络中以实现通信容量和性能的提升。4G 技术是指一系列超越 3G 移动通信系统标准的移动宽带通信网络及其终端技术。其突出特点是传输宽带化（比 3G 宽 10 倍以上）、网络扁平化和业务国际互联协议化，可为移动用户提供能与固定网络媲美的无线高速数据传输、高质量的业务服务和移动多媒体通信，为构建无处不在的信息网络奠定基础。4G 系统能实现全球范围内多种移动网络和无线网络间的漫游，构筑一个移动网络和无线接入网的融合体，实现与无线局域网（wireless local area network，WLAN）的无缝连接。4G 的无缝特性包含系统、业务和覆盖等多方面的无缝性。其系统的无缝性指的是用户既能在 WLAN 中使用，也能在蜂窝系统中使用；业务的无缝性指处理语音、数据和图像的无缝性；覆盖的无缝性则指 4G 系统能向全球提供业务。因此，4G 系统是一个综合系统，蜂窝部分提供广域移动性，WLAN 提供热点地区的高速业务。

（3）5G 技术的发展

5G 是第五代移动通信系统的简称，是具有高速率、低时延和大连接特点的新一代宽带移动通信技术，是实现人机物互联的网络基础设施，是新的无线接入技术和现有无线接入技术的高度融合。它的特点是超高频率、超高频宽，比 4G 的速率快出一个数量级，对物联网做了优化，具有更低的时延，满足车联网、智能交通、高清视频、虚拟现实的需求。

2015 年 6 月国际电信联盟（ITU）完成了 5G 愿景的研究，该研究提出三大类应用场景，分别为增强移动宽带、海量机器类通信、超高可靠低时延通信。2017 年 6 月，ITU 完成 IMT－2020（5G）最小技术指标要求的制定，确定了满足 IMT－2020 技术门槛的 14 项性能指标的详细定义、适用场景、最小指标值等。2020 年 7 月，第三代合作伙伴计划（3rd generation partnership project，3GPP）正式发布 5G R16 版本规范，同时也成为 ITU 官方唯一认可的 5G 标准，标志着 5G 技术走向成熟。

2019 年 4 月 3 日，韩国三家运营商正式推出 5G 商用服务，比美国 Verizon 公司提前数小时，韩国由此成为全球首个实现 5G 商用的国家。2019 年 6 月 6 日，我国工信部发放 5G 商用牌照，标志着我国正式进入 5G 商用时代。

这几年来，5G 逐步应用在我国社会经济的各个领域，成为支撑经济社会数字化、网络化、智能化转型的关键基础设施，在沉浸式体验、人工智能、大数据计算、精准定位、物联控制等方面发挥重要作用。随着移动通信技术的发展，5G 也将向 6G 迭代升级。

2. 认知无线电技术

（1）认知无线电技术概述

早期的无线电通信只能在指配的专有频段上工作，使用专有的调制/解调器、信道协议等。从 20 世纪 90 年代初开始，移动通信的快速发展，使得各种数字无线通信标准共存，如 GSM、CDMA 等，每一种制式对手机都有不同的要求，而不同制式间的手机无法互连互通。为实现多种通信标准共存，出现了软件无线电技术。这种通信系统只需构造一种具有开放性、标准化、模块化的通用硬件平台，而用程序软件来完成工作频段、调制解调类型、数据格式、加密模式、通信协议等的各种选择功能，并使宽带 A/D 和 D/A 转换器尽可能靠近天线。这是一种用软件控制和再定义的、可以与任何一种无线通信标准的基站进行通信的电台。这种系统相当灵活但缺乏智能，于是就产生了一种革命性的智能频谱共享技术——认知无线电（cognitive radio，CR）。可以认为，认知无线电就是智能化的软件无线电。

认知无线电是 1999 年"软件无线电之父"约瑟夫·米托拉博士首次提出来的。认知无线电可以感知无线信道环境，通过相关算法使用自适应学习技术，能自动实时灵活地调整频率、编码、信道协议、带宽和功率等传输参数，或者利用原有指定频段之外的空闲频段，实现多维空间上频谱的接入，动态高效使用无线频谱资源，从而在任何时刻、任何地点提供可靠的通信。认知无线电的关键技术主要有频谱感知、频谱动态分配、功率控制和频谱管理等。

认知无线电有两个主要能力：感知能力和自适应能力。感知能力指的是无线电技术能够从它的无线环境中捕捉和感知信息，通过这种能力，一些在特定时间和位置上的未使用的频谱就会被检测出来，接着就可以选择最好的频谱和相适应的操作参数；自适应能力是一种在传输过程中不改变任何硬件组件的情况下，根据网络环境的变化动态调整操作参数的能力。自适应能力有许多可重置的参数，包括工作频带、调制类型、传输功率等。

认知无线电作为软件无线电技术的扩展，使得软件无线电从预先定义协议的盲目执行者转变为无线电领域的智能代理，更加自主灵活。

认知无线电技术被认为是继软件无线电技术后的另一大技术突破，在现代通信中有着广泛应用。如在自组织（ad hoc）网络通信、超宽带（ultra-wideband，UWB）通信、无线局域网（WLAN）通信等方面应用云端现实（cloud reality，CR）技术，可优化频段配置、提高通信能力和质量、增强抗干扰能力等。

（2）认知无线电技术的新发展

美国联邦通信委员会一直支持发展认知无线电技术。各国的许多著名学者、工业组织、大学、研究中心、企业开始研究 CR 的理论、实现方式和实际应用，启动了很多重要研究项目。例如，德国、美国、欧盟和澳大利亚的一些大学和企业等都设立了专门的项目进行研究。在这些项目的推动下，在 CR 技术的基本理论、频谱感知、数据传输、网络架构和协议、与现有无线通信系统的融合以及原型开发等领域取得了一些成果。电气和电子工程师协会（institute of electrical and electronics engineers，IEEE）802.22 工作组制定了利用空闲电视广播频段进行宽带无线接入的技术标准，提出了第一个引入认知无线电概念的 IEEE 技术标准。

在对认知无线电技术进行研究时发现，认知无线电的运用需要运用云计算技术，但二者的运用都存在一定局限性。例如，云计算系统可以处理存储态势感知，指挥与控制，情报、监视与侦察所需的巨量数据，但现有认知无线电技术无法保证向用户端尤其是战场上的用户端快速可靠地传输数据。于是，产生了将通信、计算与网络三者集成在一起的"云上认知无线电技术"。

云上认知无线电系统由认知无线电网络、网关、可部署数据中心和固定数据中心四部分组成（如图 1-7 所示），主要采用认知无线电网络、机会云（用户通过低成本的计算机资源建立的专用云）、基于软件定义无线电的多输入/输出无线电系统（作为桥接认知无线电网络和机会云的网关节点）等技术。

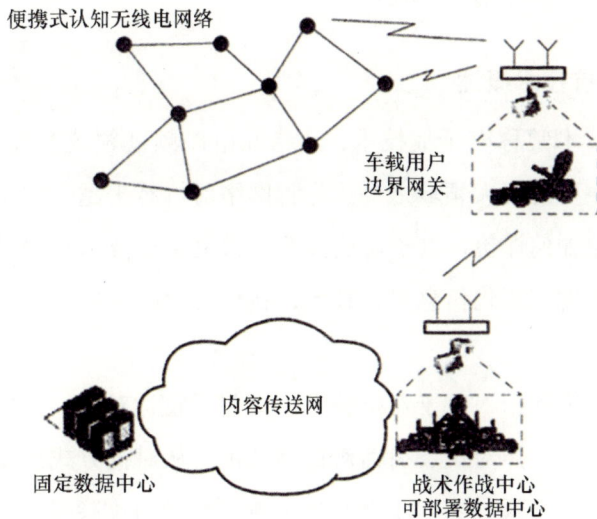

图 1-7　美军云上认知无线电样机系统

美军将在认知无线电及其网络和分布云方面继续开展研究，主要解决成本、电源管理与节能、网络协议和政策制定、云计算硬件和软件的开发与评估等问题，云上认知无线电的发展和应用将进入新的阶段。

1.4　信息对抗技术的新发展

信息对抗技术是在信息领域的攻防对抗技术或信息战技术，具体是指旨在破坏和阻止敌方有效使用其信息和信息系统，并保护己方信息和信息系统的相关技术的统称，主要包括电子对抗和网络攻防对抗技术。与其他信息技术相比，信息对抗技术是主要应用于国家安全特别是军事领域的信息技术。

信息对抗技术的新发展主要表现在两个方面：一是有越来越多的国家采取措施建立电子对抗和网络攻防对抗力量，发展相关技术装备；二是研制新型电子对抗系统和网络攻防对抗技术手段。

1.4.1 电子对抗技术

1. 电子对抗技术概述

电子对抗技术常称电子战技术，泛指在电磁频谱领域的攻防对抗技术，是信息对抗最主要的两大领域之一。尽管网络对抗越来越受到世界主要国家的关注，但无论如何评价，电子对抗技术（或电子战技术）仍是信息化战争和战场上最主要的实用化信息对抗技术，在信息化战争中具有不可取代的地位与作用。

以装备类型为依据，电子对抗技术主要包括雷达对抗、光电对抗、通信对抗、导航对抗、水声对抗、引信对抗等技术。从对抗方式出发，电子对抗技术主要包括侦察与反侦察、干扰与反干扰、隐身与反隐身、摧毁与反摧毁等。如果缺乏电子对抗能力，信息化武器装备将难以发挥应有的作用，甚至任何信息化军队都难以取得战争的胜利。因此，我们绝不能在强调网络对抗时忽略了电子对抗。

2. 电子对抗技术的新发展

电子对抗（以下称电子战）技术的新发展集中表现为电子对抗装备或系统技术的快速进步。目前，世界军事大国和强国越来越重视发展陆、海、空与空间电子战系统。

电子战技术发展的重点主要是研制新型机载电子战系统和新型反恐电子战系统。机载电子战系统的新发展以美国的 MH－60R "海鹰" 直升机的电子战系统和 E－2C/D "鹰眼" 预警机的机载电子战系统为典型代表。MH－60R "海鹰" 直升机的新型电子战系统采用了基于通用计算机总线的开放式结构，集成了数字化接收机技术，便于检测移动和静止的目标。该系统极大地提高了飞机在海洋和"信号密集"的沿海环境中的信号截获概率，射频带宽可达到 1 000 兆赫（瞬时）。新一代 E - 2C/D "鹰眼"预警机的机载电子战系统为 AN/ALQ - 217 无源电子支援系统，该系统能够以高检测概率和准确度进行自动扫描。开放式系统结构和现成的商业设计确保了长期的可支援性和增长性。该系统由 4 个天线设备、4 个有源前端和 1 个组合的接收机和处理器组成。射频系统工作范围分低、中、高三个频段，每个频段内都具备 360° 全方位覆盖能力，有助于更好地发挥性能。

反恐电子战系统是专门对抗遥控式简易爆炸装置（如路边炸弹、人体炸弹等）的电子干扰系统以及驱散人群的微波武器系统等。美国和以色列已经研制出一系列对抗遥控式简易爆炸装置的干扰设备。美国陆军在伊拉克和阿富汗已开始投入使用"公爵"和"护卫者"车载和便携式电子战系统，特别是后者性能较先进，其干扰机可重新编程，在 25 兆赫 ~ 2.5 吉赫频段之间既可进行宽带阻塞式干扰，也可对特定频率进行瞄准式点频干扰，从而让遥控式爆炸装置失灵。2012 年，美国陆军、海军陆战队和英国、德国军队等都采购了遥控式简易爆炸电子对抗装置。2017 年 12 月，俄军装备的小型反恐电子战系统可防止手机遥控路边炸弹爆炸，该装备的性能和便利性远胜过去生产的系统，它的工作波段扩大了两倍，并采用新的干扰方式。该系统可以安装在任何汽车上，防御路边炸弹。

认知通信电子战系统是 DARPA 于 2011 年开始研制的一种智能通信干扰系统。该系统采用认知无线电的自适应机器学习技术，能够实时快速检测、分析和描述威胁信号，自动合成干扰该信号所需的最优波形，并实时分析干扰效果（如图 1 - 8 所示）。其主要特点是融合通信干扰、认知无线电和软件无线电三方面技术，不但能够解决传统干扰机实时性不足的问题，而且所体现出的各种能力对于通信电子战具有革命性意义，在一定时期内可能引领通信电子战理念、技术、装备的发展趋势。

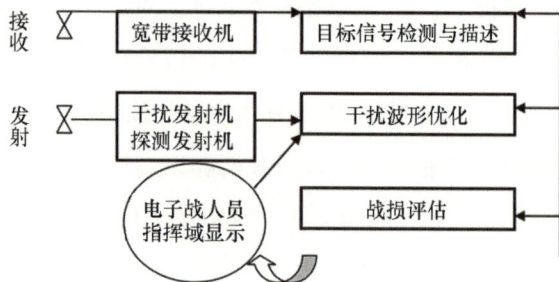

图 1-8　认知通信电子战功能模块

1.4.2　网络对抗技术

2013 年 6 月，美国前中央情报局网络特工爱德华·斯诺登揭露美国"棱镜计划"利用互联网对世界许多国家政府和民众的通信实施监控并窃取信息，在世界范围内引起巨大反响。美国对其他国家政府和包括美国人在内的民众实施网络战的行为遭到人们的普遍谴责。实际上，网络对抗或网络战早就存在，而且一直在迅速发展。2015 年以来，国家行为体实施的大规模网络监控和网络攻击给国际局势的稳定带来不良影响。比如，俄罗斯卡巴斯基公司指责美国"方程式小组"通过植入间谍软件，感染了伊朗、俄罗斯、中国等 30 多个国家的军事、金融、能源等关键部门的上万台电脑。2016 年，意大利 Hacking Team 公司逾 400 吉的数据被公开后，证明美国、摩洛哥、埃塞俄比亚、阿塞拜疆、乌兹别克斯坦、科威特、巴林、印度、以色列和格鲁吉亚等 20 多个国家的机构向其购买了网络间谍和漏洞工具。

1. 网络攻击技术

在网络攻击技术发展方面，2011 年美国国防部制定了一份网络攻击武器或工具清单，美军曾按该清单规定的网络武器使用框架实施网络攻击。现在美国、日本等国正在开发各种新的网络攻击技术手段。如：能够隐蔽地潜伏在目标网络中，从中窃取信息，并具有欺骗、拒绝、中断、削弱和破坏（deceive, decline, discontinuity, dent, destroy, D^5）能力的网络攻击手段；

网络"绕道技术"和能够实施网电一体攻击的"下一代干扰机"（next generation jammer, NGJ）；"X 计划"网络攻击技术，一种能在大规模实时动态网络环境中分析、理解、规划、自动设计和管理的，具有可视化和交互功能的网络攻击手段。美国和日本还在研究能够对网络攻击者进行追踪逆向反击的网络攻击技术等。此外，恶意软件攻击（主要是拒绝服务攻击）已成为最重要的网络威胁之一。例如，2022 年 2 月俄乌爆发冲突前，乌克兰至少 10 个官方网站受到分布式拒绝服务攻击。这种攻击靠发送大量垃圾数据包令受攻击网站暂时无法被访问。

新型病毒攻击手段不断被发现，其中"火焰"病毒是在 2012 年由著名的俄罗斯反病毒实验室卡巴斯基实验室发现的新型网络攻击武器，其全称为 Worm. Win32. Flame，是一种可以实施精确部署、精确监控、精确摧毁的高级木马程序。"火焰"病毒的部分性能与以色列攻击伊朗布什尔核电站的"震网"病毒相似，但其强大的功能和技术复杂程度超过以往的所有网络攻击手段，被认为是一种实用型和战略性网络战武器。其基本特征是：程序结构复杂（由侦察、摧毁和控制三大部分的 20 余个模块组成，容量至少是以往病毒的 20 倍以上），传播途径广泛（几乎可以使用现今所有的传播方法，通过分布在世界各地的 80 多个服务器进行传播），窃密手段高超（可以使用现今所有的窃密手段），隐蔽性极强（曾侵入中东多个国家长达 5 年之久，未被安全软件发现）。"火焰"病毒的激活，使中东许多国家的大量目标遭到攻击，受感染的计算机数量可能达 5 000 台以上。目前已有软件研究人员开发出了针对该病毒的有效杀毒软件，极大遏制了该病毒对全球的危害。

总的来看，未来的网络攻击技术会更多地用到软件工程思维和软件方法学，使之向着系统化、自动化、强隐蔽、高渗透发展，网络攻击从侦察、入侵、攻击到最后评估的集成化程度越来越高，一个软件就能完成攻击的所有步骤。

2. 网络防御技术

在网络防御技术方面，防火墙曾是人们用来防范入侵者的主要保护措施。

但是越来越多的攻击技术可以绕过防火墙，例如网络打印协议和基于 Web 的分布式创作与翻译都可以被攻击者利用来绕过防火墙。反弹端口型木马也可以大摇大摆地通过防火墙与攻击者联系。因此，进入宽带高速网络时代后，网络安全防范也相应地进入主动防御阶段，即必须采用纵深配置、多样性的技术手段进行动态防御。

例如，一些国家研究了包括基于深度内容检测、网络行为监管与审计、应急响应与服务漂移等更新的网络防御技术。2012 年，美国启动了一系列新型网络防御技术手段的研究：DARPA 启动了基于软件的生物识别密码融合技术研究，以提高计算机和网络的安全性；美国国防部开发了能够自动识别网络攻击并在遭受攻击后能自动恢复和修复的云计算环境；美国陆军开发了可对网络资源进行动态调整和配置的"变形"计算机网络应对网络攻击；洛克希德·马丁公司采用"打断杀伤链"（通过封锁或阻止已渗透潜伏到网络中的黑客发动攻击的一个或多个步骤"打断"其攻击链路）的网络防御概念对全球信息栅格（global information grid，GIG）进行管理和升级，提高 GIG 的安全性。2016 年，加拿大、丹麦、荷兰、挪威和罗马尼亚五个国家共同建立了多国网络防御能力发展项目，为北约和国家网络防御能力发展提供强大助力。2017 年，美国提出建立由军方、执法机构和私营部门组成的网络审查小组，并发布了一项网络安全行政令。2018 年，德国政府宣布，由德国内政部与国防部合作，设立网络安全创新局，以减少对美国等其他国家的技术依赖。

1.5 信息栅格与物联网技术的新发展

信息资源的开发利用技术非常多样化，我们主要讨论信息栅格和物联网技术。信息栅格和物联网技术是现代信息技术发展到一定阶段后出现的集成应用和系统创新，几乎涉及信息技术的所有重要方面。

1.5.1　信息栅格技术

1. 信息栅格技术概述

（1）信息栅格的概念

信息栅格的概念是由美国阿贡国家实验室资深科学家伊恩·福斯特在1999 年出版的《栅格：未来计算结构的蓝图》一书中提出的。该书对信息栅格的定义是：信息栅格是构筑在互联网上的一组新技术，它将高速互联网、高性能计算机、大型数据库、传感器、远程设备等融为一体，为用户提供更多的资源、功能和交互。伊恩·福斯特认为，如果从空间拓扑结构上看，栅格是由一组纵横交叉的线连成的几何图，而供电的电力栅格（power grid）就是这类实际存在的栅格。显然，信息栅格在一定程度上等同于信息栅格技术，而且计算栅格和信息栅格的概念及原始思想就源于电力栅格。由于供电系统建立了电力栅格，用户可以方便地从安装在墙上的插座获取电力。如果有类似的信息栅格，用户就可把计算机插入信息栅格的节点，像用电一样获取所需要的信息或知识。

信息栅格技术具体体现为专门设计和构建的一个软件平台，通过该软件平台可实现网络资源的融合以及具备多种功能。要深入理解信息栅格的概念，还得了解信息栅格技术的兴起与特点。

（2）信息栅格技术的产生与特点

信息栅格技术的产生及特点与互联网的发展密切相关。互联网技术实现了计算机信息资源的连通，但早期的互联网应用功能简单，主要局限于少数科研人员使用，被称为第一代互联网。其典型应用是通过网页浏览查找资料、收发电子邮件、传输文件、发布文字新闻等。

20 世纪 90 年代，欧洲高能物理研究中心的研究人员发明了超文本格式，即在一般文字上加上指向其他文件的地址，用户只要单击这些文字，即可访问到相关文件，从而将分布在网络上的文件链接在一起。这样用户只要在电脑图形界面上点击鼠标，就能从一个网页跳到另一个网页，获取各类丰富多彩的信息。于是，互联网从学术的象牙塔走进了千家万户。这时的互联网被称为万维网，即第二代互联网。第二代互联网虽然比第一代互联网先进得多，但仍不能满足人们的需要。主要问题是互联网上的信息未经过有效规范和整理，各类信息标准不统一，导致网络使用不方便，用户查找难以实现互操作，仍需要由人完成上网查找信息以及对信息的筛选、整理和利用，效率不高，结果到处是信息"孤岛"，资源的利用率只有 5%～10%，而且垃圾邮件泛滥、病毒黑客横行，信息安全存在隐患。

20世纪90年代中期以后，出现了伊恩·福斯特所称的网格或栅格技术。栅格技术是第三代互联网技术，可具体化为设计建设一种软件平台。通过该软件平台，可按照一定的协议、标准和规范等将各种网络资源融合起来，提供一些支持各种类型应用的常用工具（如协同工作、数据管理和分布式仿真等工具）。栅格融合网络资源后，使互联网发生了一系列重大变化：第一，把分散在不同地理位置上的各种资源虚拟化为一个强大的信息系统，可实现资源共享，消除信息孤岛，实现应用程序的互连、互通、互操作，突破了地理位置的限制，可以在任意地点获取服务，网络资源的利用率可达70%～80%；第二，可实现协同工作，很多栅格节点可同时处理同一任务，形成新的协作共享模式，使得人－机、人－人、机－机之间可以进行任意的交互和沟通，可以将各个领域的专家和其他各种资源结合在一起，动态建立虚拟组织，协同解决问题；第三，基于开放的技术标准，软件与以前很多公司、部门的软件产品不同，其计算能力、存储能力能满足各种需要；第四，可提供动态服务，适应变化的需要。可见，信息栅格技术并不是要抛开和完全取代原来的互联网，而是建立在互联网基础之上，实现互联网上所有信息资源的有效整合，以让用户透明地使用更综合、更全面、功能更强、更方便甚至更具人性化的服务。这些也就是信息栅格技术的主要特点。

用一个简单的比喻，可以从侧面说明信息栅格技术的作用或优势。比如，有人计划从北京到海南岛去旅游，若使用第二代互联网，他从网上通过搜索引擎逐一访问每个网站，分别选择预订飞机票、汽车票、导游和旅馆，这个流程至少需要几个小时。若使用栅格化的互联网，他只要向计算机输入指令"我定于×天从北京到海南岛旅游，需要导游和三星级服务"，计算机就会把需求转告网络软件平台。网络软件平台则会自动安排一台运行栅格旅游应用软件的服务器为他的计算机服务，这个软件会按照他的需求，自动地与民航、公路、旅游公司和宾馆的网络服务器分别"交谈"，定下机票、车票，还为他选择导游与最合适的宾馆等，整个流程最多不过几分钟。

尽管信息栅格技术的兴起与互联网密切相关，但其应用绝不只限于互联网。各种各样的信息栅格开始出现，如：计算栅格，用于高性能计算机系统的共享存取；数据栅格，用于数据库和文件系统的共享存取；信息服务栅格，用于应用软件和信息资源的共享存取。此外，还有别的分类，如军事上有传感器栅格、平台栅格、指控栅格等。

2. 信息栅格的典型——美军的全球信息栅格

信息栅格不限于军事领域，但应该承认，美军的全球信息栅格（GIG）是非常重要的信息栅格，而且是军事信息栅格的第一个实例。在构建全球信息栅格之前，美国国防部已有指挥、控制、通信、计算机、情报、监视与侦察（command，control，communication，computer，Intelligence，surveillance and reconnaissance，C^4ISR）系统，该系统虽然为增强美军战斗力发挥了巨大作用，但在实战中暴露出严重的不足。主要包括系统不能实现全球网络化、不能实现对大量战场信息的处理和向用户有针对性地提供信息、无法实现设备兼容和互操作等，即系统难以有效解决互连、互通、互操作问题。为了解决这些问题，20世纪末美国国防部开始启动GIG建设计划。

全球信息栅格最早出现在美国1999年5月14日发布的《国防信息基础设施主计划8.0版——实现GIG》文件中。同年，美国国防部首席信息官发布了全球信息栅格备忘录，首次对GIG的概念、结构功能进行了说明。经过多年的发展、修订和完善，特别是通过从2006年开始的GIG整合计划，GIG已成为由高速互联网与通信系统、高性能计算机系统、相关软件和大型数据库、安全服务设备和操作人员等组成的，能够覆盖全球的，可以分类处理、传输与分发信息，并实现全球任意地点、不同需求用户之间应用程序的互连、互通、互操作的信息网系或信息综合体。

全球信息栅格由特定技术体制、按优先级分类处理和交换信息的程序以及系统结构等部分组成。技术体制指的是其设备与技术构成。按优先级分类处理和交换信息的程序指的是 GIG 可区分处理各类信息的优先等级，并按照武器控制、指挥控制、非战争军事行动、战场防护、情报监视与侦察、通信、计算以及后勤保障等方面的需求有针对性地交换信息。全球信息栅格的系统逻辑结构由基础层、通信设施层、计算设施层、全球应用层、作战接口层以及信息管理和网络运行等部分组成（如图 1－9 所示）。其中，基础层是指构建全球信息栅格所必需的基础支持条件，包括体系结构、相关政策和条令等。通信设施层是指用于传输信息的通信设施，主要包括光纤通信设施、无线通信设施和卫星通信设施等。计算设施层分为本地和个人计算、区域计算，以及全球计算三类设施，主要包括国防企业计算中心和相应的分中心。这些中心借助国防信息系统网实现双向、高容量的通信，负责处理世界各地的各种信息需求，包括指挥控制、输送、资金、人员、装备、医疗补给以及保障等

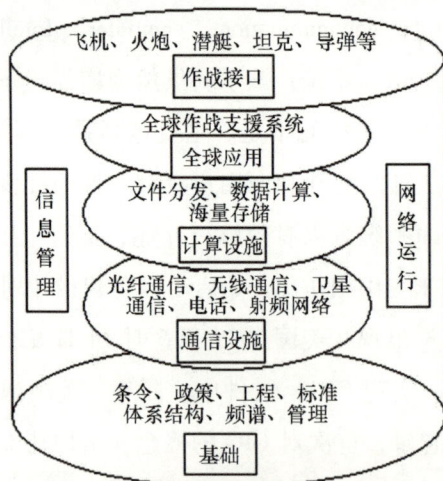

图 1－9　全球信息栅格的系统结构

信息。全球应用层主要是指利用通信和计算设施运行的公用应用系统，包括全球指挥控制系统（global command control system，GCCS）、全球作战支援系统（global combat support system，GCSS）、国防文电系统（defense message system，DMS）、日常事务处理应用程序和医疗保障系统等。作战接口层是指将作战装备连入网络的设备，包括无人机、传感器和战术数据链终端等。信息管理和网络运行是指维护和管理网络、保证网络安全运行、提供高质量信息服务的技术手段，主要依赖于核心企业服务软件来实现。

美国国防部于 2007 年 6 月发布《全球信息栅格（GIG）体系结构设想》1.0 版，又对 GIG 的系统组成进行了调整，即 GIG 由通信基础设施、计算基础设施、核心服务基础设施、网络运行基础设施、信息保障基础设施、应用软件、服务与信息、人机接口等 8 个部分组成。这与原先的组成并无本质区别，主要是明确指出其中应采用 13 项关键技术，包括：解决动中接入和带宽的 IP 第 6 版本（IPv6）技术；面向大量网络服务的体系结构技术；移动自组织网络（mobile ad hoc network，MANET）技术；人机交互技术；便于机器理解、基于互联网的信息共享平台，可以提升 GIG 智能化水平的语义网技术；能提高各种装备、器材、物资相关信息的入网效率，从而改善 GIG 的应用环境的射频识别（radio frequency identification，RFID）技术；能够存储 10^{18} ~ 10^{24} 字节的超大容量数据存储技术；高性能计算技术；栅格计算技术；能够与周围环境进行交互、自主运行的软件实体——智能体技术；支持信息和服务的可用性、真实性、机密性、完整性的信息安全保障技术；"黑核"技术；"基于策略的技术"（美军称为"数字策略使能技术"，digital policy enabling technologies，DPET）等。

美军的 GIG 是军事信息栅格的典型，它反映了军事信息栅格的主要特征。但是，各国军队从自己实际情况和需要出发，都可以建立自己的军事信息栅格，因此用于支持美军全球作战的 GIG 并不能概括军事信息栅格的所有特征。一般认为，军事信息栅格是军事信息系统综合集成新技术，是由通信卫星、通信飞机等各种通信设施，以及计算机、存储器、网络软件平台、数据库、地理信息系统等信息设施组成的，具有广域分布、无缝连接、动态扩展和高度集成特点的军事信息网络或军事信息基础设施。其核心是一个庞大的、分布于军事信息网络各个节点的、能够协同工作的软件系统，能够在原有信息传输、处理设施的基础上，对所有软硬件资源进行整合，实现广域的军事信息系统的互连、互通、互操作。

3. 信息栅格技术的发展

信息栅格技术是信息网络技术创新发展的重要支撑，在很大程度上代表了信息网络技术未来发展的方向。因此，世界主要国家和地区纷纷投入巨资研究信息栅格技术，建立各种信息栅格。

美国对信息栅格技术的研究体现在美国政府部门和企业界实施了一系列信息栅格技术的发展计划，使信息栅格技术的研究和信息栅格的建设走在世界各国前列。例如，美国能源部支持建立了"科学栅格"，将两台超级计算机连接成计算栅格，栅格计算能力达到每秒 5 万亿次，存储能力达到 1 300 万亿字节。美国能源部和 3 个国家重点实验室（圣迭戈实验室、劳伦斯·利弗莫尔实验室和洛斯·阿拉莫斯实验室）共同实施了"促进战略计算创新"（accelerated strategic computing initiative，ASCI）栅格计算计划，旨在通过模拟核试验开展核武器研制。美国国家科学基金会支持建立"万亿规模网络"，将位于 5 个地点的超级计算机连接起来，达到每秒 20 万亿次的计算能力，并能存储 1 000 万亿字节的数据。IBM 公司投入 40 多亿美元进行的"栅格计算创新计划"研究不断取得新进展。IBM 和微软等公司已开发出一系列栅格计算产品，包括最新数据库产品、操作系统和栅格引擎产品，以及全新的栅格标准——"开放栅格服务体系结构"等。

美国国防部不断推进的 GIG 建设计划代表了信息栅格技术发展的最高水平。GIG 建设分为 3 个阶段：第一阶段，1999—2003 年，主要按照 GIG 的初步设想对原有网络和设施进行集成；第二阶段，2004—2011 年，在各军种内部实现 GIG 的功能；第三阶段，2012—2020 年，实现三军信息系统的互连、互通、互操作，全面完成 GIG 建设。其建设的关键是将各个组成部分和关键技术进行整合。2006 年，美国国防信息系统局（defense information system agency，DISA）开始进行第一次整合，接着于 2011 年进行了第二次整合。2012 年，DISA 发布第三版的 GIG 整合主计划——《2012 年全球信息栅格整合主计划》，提出要建立基于云计算的 GIG 技术框架，将普通服务层、平台服务层、基础设施服务层、任务保障服务以及企业服务管理等都纳入框架内。这样，既可使 GIG 更好地满足用户需要并提高安全性，又可节省使用维护费用。截至 2020 年，美国完成了《2020 年联合构想》计划，全球信息栅格将传感器栅格、作战平台栅格和指挥控制栅格有机融合在一起，形成高度一体化的信息网络，为美军在全球实施网络中心战提供物质基础。

欧洲国家也启动了一系列信息栅格研究项目，如"欧洲数据栅格"是欧盟 20 多个国家建设的用于"大科学"研究的信息栅格平台，可突破地域限制，容许分布在世界各地的研究者共享海量数据和贵重仪器设备，共同开展科学研究。欧盟国家还进行了"计算机资源统一接口""在线元计算"等信息栅格项目的研究。英国政府投资 1 亿英镑启动了"英国国家栅格"的研发项目。所有这些计划或项目现已基本完成，正投入应用之中。此外，日本将日本家庭、企业和学术机构的 100 万台 PC 连接成计算栅格，其处理能力达到 65 万亿次浮点运算。

我国在信息栅格技术发展上基本与国外同步。全国有几十所大学和科研机构先后开展各种栅格研究。比如，清华大学、中科院计算所、科技部、教育部等相继进行了"先进计算基础设施""国家高性能计算环境""中国国家网格""中国教育科研网格""仿真网格""织女星网格"等一系列信息栅格的研究或建设计划，取得了一批重要成果。

1.5.2 物联网技术

1. 物联网技术概述

物联网的概念最早是由麻省理工学院的 Ashton 教授于 1999 年在研究传感

器网时提出来的。2005 年，国际电信联盟将其从传感器网扩展为物物相连的网，并迅速引起世界各主要国家的重视。

物联网（internet of things，IoT），就是通过射频识别、红外传感器、可见光摄像机、激光扫描仪、全球定位系统等构成的传感器网和无线通信系统等，按约定的协议，把各种物体（如设备、设施、各种商品，甚至人与动物等）与互联网连接起来，使人与物、物与物之间进行信息交换或通信，以实现对物体的智能化识别、定位、跟踪、监控和管理的一种网络。

在系统体系结构上，物联网大体上是一种三层状的网络结构，包括感知层、传输层和应用层，如图 1 - 10 所示。感知层是由各种传感器组成的传感器网络，实现对物品的识别；传输层由互联网、通信网或者更新的网络组成，实现对物品数据信息的传输；应用层是物联网的应用或服务层，即利用云计算对海量的物品信息进行快速处理，通过计算机、手机、智能控制器等输入输出终端，实现对物品的智能分析、管理和使用，用户可根据需要获取相应服务。

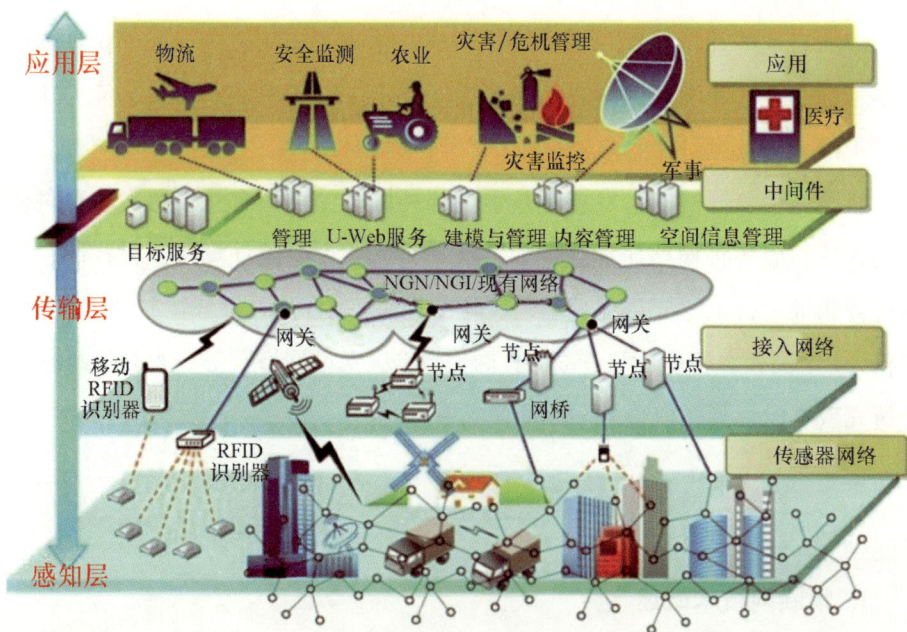

图 1 - 10　物联网的结构示意图

在技术结构上，物联网的建设和应用主要涉及四大关键技术，即无线射频识别（RFID）技术、传感器网络（WSN）技术、自动识别与机器对机器（machine to machine，M2M）通信技术、自动化与智能化融合技术。

物联网在民用和军事上具有广泛的用途。如在军事上可应用于扩展完善指挥信息系统的功能、增强战场感知（包括军队兵力与装备、弹药调配监视、战区监控、敌情侦察、目标追踪、战损评估以及对核生化武器攻击的侦测等）能力、发展全自主作战机器人、开启网络战新模式以及实现精确化的综合保障等。

特别需要指出的是，物联网技术对于人类社会向智能化发展具有极为重要的作用。亿博物流咨询公司曾生动地介绍了物联网在物流领域内的应用情况。例如一家物流公司使用了物联网系统的货车，当装载超重时，汽车会自动告诉你超载了，并且超载多少；当空间还有剩余时，会告诉你轻重货物怎样搭配；当搬运人员卸货时，一只货物包装箱可能会大叫"你扔疼我了"，或者说"朋友，请你不要太野蛮，可以吗？"；当司机在和别人闲谈时，货车会装作老板的声音怒吼："笨蛋，该发车了！"

2. 物联网技术的发展

21 世纪以来，物联网技术在世界范围内迅猛兴起，形成了信息技术发展的新浪潮。

2005 年 11 月 17 日，在突尼斯举行的信息社会世界峰会上，国际电信联盟发布了《ITU 互联网报告 2005：物联网》。报告指出，无所不在的物联网通信时代即将来临。自那以后的几年间，美国、英国、德国、加拿大、芬兰、意大利、日本、韩国等都投入巨资深入研究探索物联网，我国也采取有力对策推进物联网技术的发展，并迈出了可喜的步伐。

2009 年 2 月 24 日，IBM 大中华区首席执行官钱大群在 IBM 论坛上公布了名为"智慧的地球"的最新策略。此策略一经提出，即得到美国各界的高度关注，并在世界范围内引起轰动。IBM 认为，IT 产业下一阶段的任务就是把感应器嵌入或装备到电网、铁路、桥梁、隧道、公路、建筑、供水系统、大坝、油气管道等各种物体中，并且被普遍连接，形成物联网。

作为物联网积极推动者的欧盟则梦想建立"未来物联网"。欧盟信息社会和媒体司 2009 年 5 月 20 日公布的《未来互联网 2020：一个业界专家组的愿景》报告指出，欧洲正面临经济衰退、全球竞争、气候变化、人口老龄化等方面的挑战，为解决这些问题，发展建设物联网是关键举措之一。

我国在物联网技术研究方面与其他国家有着同步发展的起点。中国科学院早在 1999 年就启动了传感网研究。在世界传感网领域，中国与德国、美国、韩国一起，成为国际标准制定的主导国之一。自 2009 年 8 月提出"感知中国"以来，我国在政府决策、技术研究开发和人才培养等方面都采取了一系列对策措施加快物联网技术的发展。

在物联网技术研究开发方面，我国在北京、西安、苏州、无锡、南京等地成立了多家由大学和企业合作进行物联网技术研究开发的机构，开发出一批物联网产品。如中科院无锡高新微纳传感网工程技术研发中心开发的传感器产品已在上海浦东国际机场和上海世博会成功投入应用。作为"感知中国"的中心，无锡市 2009 年 9 月与北京邮电大学就传感网技术研究和产业发展签署合作协议，标志着"中国物联网"进入实际建设阶段。

2010 年，我国教育部批准在 26 所大学设立物联网的学科专业，以培养所需人才。另外，我国物联网企业也在快速发展。2020 年我国蜂窝物联网连接设备达到 11.36 亿户，全年净增 1.08 亿户，蜂窝物联网连接数占移动网络连接总数的比重已达 41.6%，比 2019 年提高 2.5 个百分点，与移动手机用户规模差距不断缩小。我国蜂窝物联网连接设备中应用于智能制造、智慧交通、智慧公共事业的终端用户占比分别达 18.5%、18.3%、22.1%。在政策、技术推动以及疫情的影响下，服务于公共事业的智慧终端，如智能水表、电表、气表等应用明显加快，增速达 19.2%。5G、云计算、人工智能等数字技术加速万物互联进程，未来移动网络连接的重点将从"人"转向"物"。

随着物联网应用速度的加快，全球互联网企业、通信企业、IT 服务商、垂直行业领军企业对物联网的重视程度持续提升，进一步明确了物联网在其整体发展战略中的地位，物联网产业力量不断加强，并促使信息技术向物物自动相连和自动交换信息的智能化方向发展。

· **知识延伸**

– 美国军事物联网的应用场景 –

物联网因其泛在性、抗毁性、连接量大等特点，成为实现万物互联的关键。随着大数据、人工智能等技术的飞速发展，物联网在军事领域的应用越来越广泛，主要体现在以下方面：

（1）后勤保障灵敏化

在高度信息化的现代战争中，采用物联网技术能大幅提升后勤与武器装备的保障效率。如美军在伊拉克战争中使用"全资产可视化"系统，由无线射频识别通信卫星、导航卫星、全球移动通信系统、地理空间信息系统组成，能够及时进行后勤补给，实现由"储备式后勤"向"配送式"后勤转变。

（2）态势感知精确化

在军事物联网架构中，感知层以通信卫星为接口，向战场指挥作战人员传输卫星及其他传感器采集的信息，通过数据可视化等技术，可为战场提供全方位的态势感知。美国建设的国防太空体系就可以看作天基态势感知物联网系统，该体系以全球持续天基低时延数据通信为支撑，每个功能层以"网络状态"的新形态构成互联互通的一体化体系。

（3）智能化武器装备

随着人工智能、大数据、机器学习等技术在物联网中的进一步渗透，在更高层次上使武器装备实现智能化、敏捷化、打击精确化成为可能，同时可使作战样式更加多样化，加速战争由"信息化"向"智能化"转变。如美国空军建立先进战斗管理系统，通过构建连接多兵种作战区域的军事物联网，实时协调多域军事行动，提升指挥控制效率，以取得战争优势。

1.6 人工智能技术的新发展

1.6.1 人工智能技术

人工智能技术是利用电子计算机模拟人类的学习与推理、问题求解、辅助决策途径和方法等智能活动的一项新兴技术。它是在人工智能学理论指导下的一种综合技术。人工智能学是一门专门研究智能放大和使用计算机来模拟人的感觉和思维过程规律的学科，是正处在发展中的综合性学科，涉及数学、语言学、人体科学、哲学、心理学、逻辑学、计算机学等多门学科。人工智能技术的内容主要包括：自然语言理解，知识表达与模式识别，规划生成与问题求解，机器翻译与语言合成，定理证明与归纳推理，学习系统与发现系统，认知模型与专家系统，机器视觉与智能机器人，智能语言与自动编程等。人工智能系统，是一种基于知识的逻辑推理系统。人工智能技术广泛地应用于工业、农业、文化、教育、卫生、气象、地质勘探、交通运输等领域，尤其大量应用于军事和国防科学技术研究与军工生产。

1.6.2 军用人工智能技术及其应用

军用人工智能是计算机模仿人的部分智能，如识别图形、听懂语言、适应环境、接受启发、学习、推理等在军事领域的应用，是研究用计算机来完成军事活动中关于部分推理、判断、决策、探索、控制、图形识别、制导、环境适应等有关理论、技术和方法的智能活动。

人工智能技术在军事上有着广阔的应用前景，在此领域中已出现许多成功的应用项目，主要有：

● 自主多用途作战机器人系统。其主要特点是：能够识别地形、地物，选择前进道路；判定敌情，深入敌方阵地，独立自主地完成侦察、运送弹药给养、扫雷、射击及投弹、救护伤员等任务。

● 军用飞机"副驾驶员"系统。它能够协助驾驶员完成监控及操纵各种机载电子系统的工作，其智能计算机具有实时判定、推理、语言理解和辅助决策等多种功能。

● 自主多用途军用航天器控制系统。它能够对军用航天器的飞行姿态作自主的调整并保持正常姿态。同时，可以对卫星的故障进行自动检测及排除。在卫星处于紧急状况时，实时作出返回发射基地或自行毁灭的指令。

● 武器装备的自动故障诊断与排除系统。在武器装备内装有以人工智能专家系统为主要程序的计算机系统及执行命令的机器人维修系统。专家系统内装有自动诊断各种故障的反映专家知识水平的软件包。在通过专家系统确定故障由来之后，再下达指令给机器人维修系统，将故障（或潜在故障）及时排除。

● 军用人工智能机器翻译系统。它可用于收集情报、破译密码、处理作战文电、协调作战指挥和提供战术辅助决策等。该系统内装有可以进行语言分析、合成、识别及自然语言理解的智能机，存储着多国语言基本词汇和语法规则。

● 舰船作战管理系统。它可用于局部海域作战指挥、辅助战术决策、海上目标敌我识别、岸－舰一体化作战管理等。

● 智能电子战系统。它可自动分析并掌握敌方雷达的搜索、截获和跟踪工作顺序，发出有关敌方导弹发射的警告信号，并确定出最佳防卫和干扰措施。

● 自动情报与图像识别系统。它通过情报分析和图像处理技术，对敌方情报及图像进行识别、分类和信息处理，同时自动提供辅助决策意见。

● 人工智能武器。它的控制系统具有自主敌我识别、自主分析判断和决策的能力，如发射后"不用管"的全自动制导的智能导弹、智能地雷、智能鱼雷和水雷、水下军用作业系统等。

随着传感技术、计算机技术等信息技术迅猛发展，军用人工智能的研究也迎来了高速发展期。美、俄等军事强国都把军用人工智能视为"改变游戏规则"的颠覆性技术。特别是近年来，以人机大战为标志，人工智能技术发展取得突破性重大进展，并加速向军事领域转移，这必将对信息化战争形态产生冲击甚至颠覆性的影响。

1.6.3　军用人工智能技术发展的主要特征

军用人工智能是研究、开发用于模拟、延伸和扩展人类智慧能力的理论、方法、技术及应用系统的一门新的技术科学，贯穿于军事活动的认知、决策、反馈、修正、行动的全过程。评价一种军事技术的战争属性强不强、影响力大不大，关键看其向军事领域全面渗透、转化为战争决胜能力的强与弱。回顾军用人工智能的发展轨迹，可以看出其主要有以下特征。

1. 开放性

军用人工智能在军事领域里广泛应用的事实，已经充分证明了军用智能工具及其平台的智能特征都不能离开其所依托的社会科学、军事科学、自然科学的大环境而独立存在。军用人工智能的开放性，使其获得了社会化科学技术的广泛支持、保障与推动，并得以存在和发展，拥有越来越广泛的发展空间，发挥越来越重要的作用。

2. 社会性

军用人工智能技术的产生与发展，不仅是一次技术层面的革命，还与重大的社会经济变革、教育变革、思想变革、文化变革等同步发展。经济变革为军用人工智能技术发展提供所需的经费、资源支持，教育变革为军用人工智能技术发展提供所需的各类人才支持，思想变革为军用人工智能技术发展提供所需的创新理论与方法，文化变革为军用人工智能技术发展提供所需的新型军营文化环境。

3. 阶段性

军用人工智能技术遵循事物发展从低到高、由弱到强的阶段性规律。目前的军用人工智能技术还处于弱人工智能阶段，只能解决特定领域的问题，包括所有人工智能算法和应用等范畴。未来的军用人工智能技术将向强人工智能方向不断发展，能够胜任军人大部分军事工作，在很多领域甚至可取代军人50%以上的工作。更长远的超人工智能阶段，将利用更先进的军用人工智能技术建成更聪明、更有天赋的军用人工智能系统。

4. 附属性

军用人工智能技术及其产品不管发展到什么程度，都只属于带有附属性质特征的从事各种军事活动的工具。作为工具，它可以帮助军队提高军事行动效能，推动战斗力的成长。

5. 催化性

无论在哪个发展阶段，大多数情况下，军用人工智能技术都不是一种全新的活动流程或全新的行动模式，而是对现有军事活动流程、行动模式进行根本性改造的技术支撑，能够使作战能力出现质的跃升。军用人工智能技术的应用重在提升军事活动效率，起到战斗力提升的催化作用。

6. 局限性

目前尽管人工智能技术在很多军事领域表现出色，但这并不意味着军用人工智能已无所不能。在有些领域，军用人工智能才刚刚起步。而且，军用人工智能技术仍处于计算智能阶段——擅长数理逻辑运算和定量分析，其军事应用通常局限于战术级计算和作战方案优化，还不能对战略战役级宏观复杂态势做出定性分析和全局判断，这种局限性十分明显。

1.6.4 人工智能技术对军事领域智能化的影响

人工智能技术对军事领域智能化的影响是多方面的，军用人工智能技术水平的提升对指挥决策、编成部署、武器装备、作战支援、军事训练、后装保障等多个相关领域，都将产生广泛而深刻的影响。这种情况表明，军用人工智能技术正成为军事变革的重要推手，必将重塑颠覆性的军事能力，带来战斗力的大幅跃升，催生新的战争样式，改变战争制胜的内在机理。

1. 在信息感知与处理领域，军用人工智能技术增强了提供战场态势信息和数据的能力

军用人工智能技术所具备的自我学习、认知和创造能力应用于信息感知与处理系统，为战场指挥员实时准确地掌握复杂战场情况，快速高效地处置战场上出现的各种问题提供了可能。从单兵作战系统看，美军、俄军、法军、德军等均装备了具有智能化信息感知与处理能力的数字化士兵系统，大幅提高士兵的态势感知、战场协调、指挥控制、通信、进攻、防护能力。从空、天、地、海等方面信息感知系统看，具有人工智能水平的自适应无人值守雷达、无人侦察船、无人侦察机、侦察卫星等的部署应用，使战场透明度不断提高，战场信息获取与处理的时间大为缩短，电子对抗能力大幅提升。

2. 在军用平台领域，军用人工智能技术提升了无人作战平台的作战效能

近年来，随着军用人工智能技术的突破性发展，这项技术已开始应用于各种武器平台。无人潜航器、战场机器人等基于人工智能的无人机器能够自动搜索和跟踪目标，自主识别地形并选择前进道路，独立完成侦察、补给、攻击等任务。

3. 在指挥控制辅助决策领域，军用人工智能技术提高了指挥和决策效能

各国军队通过开发各种辅助决策系统，构建功能强大的栅格化网络信息体系，使智能情报分析、智能辅助决策、智能指挥控制能力大为增强，将克服人性弱点困扰、提升指挥决策的正确性，指挥员的指挥与决策效能大幅提高。

4. 在体系重塑领域，军用人工智能技术推动了体系作战能力的快速形成

未来无人化、智能化战争不再是传统意义上的作战平台较量，而是一种体系与体系的对抗。无人作战平台不仅要具备更高的智能化程度，而且必须融入联合作战体系。只有实现有人与无人作战系统的有机结合，才能充分发挥其在整体作战中的威力和作用。一些军事强国研制试验的无人机集群作战系统、无人水面舰艇集群作战系统、地面机器人集群作战系统融入作战体系，将实现作战体系编成结构、作战能力质的提升。

5. 在作战力量使用领域，军用人工智能技术促进了作战思想、编成、样式的深刻变革

从作战思想看，技术决定战术。军用人工智能技术将推动作战思想的深刻变革，新的军事理论将应运而生。从作战力量编成看，人工智能系统与作战平台的广泛应用，智能感知、智能指挥、智能化无人作战平台等成为决定战争胜负的重要力量，进一步变革新型作战力量的编成结构。从作战样式看，将出现智能化无人机集群空中作战、无人舰船集群水面作战、机器人集群地面作战、小卫星集群太空作战等智能化无人平台集群作战样式，进一步推动作战样式的新变革。

• 知识延伸

– ChatGPT 在军事方面的应用 –

ChatGPT 是一款由人工智能技术驱动的新型自然语言处理工具。2023 年 3 月中旬，ChatGPT 推出了最新版本 GPT－4，可支持多元的输入输出形式，使其具备了更强的专业学习能力，在军事领域也具有一定的影响。

ChatGPT 的潜在军事价值

ChatGPT 受到关注的重要原因是引入了新技术 RLHF。所谓 RLHF，就是通过人类的反馈来优化模型算法，使 AI 模型的输出结果和人类的常识、认知、价值观趋于一致。这主要体现在自然语言处理方面，即语义分析和文本生成。语义分析方面，用户的任何问题基本都能够得到有效回应，不像过去很多时候"驴唇不对马嘴"；文本处理方面，任何问题的答案都看起来逻辑通顺、意思明确、文笔流畅。

这一技术显然可以应用于军事领域。平时，基于 ChatGPT 技术的情报整编系统可针对互联网上的海量信息，作为虚拟助手帮助分析人员开展数据分析，以提高情报分析效能，挖掘潜在的高价值情报。战时，基于 ChatGPT 技术的情报整编系统可将大量战场情报自动整合为战场态势综合报告，以减轻情报人员工作负担，提高作战人员在快节奏战场中的情报分析和方案筹划能力。

ChatGPT 还可用于实施认知对抗。信息化智能化时代，各国数字化程度普遍较高，这意味着民众之间的信息交流、观点传播、情绪感染的速度更快，也就意味着开展认知攻防的空间更大。ChatGPT 强大的自然语言处理能力，可以用来快速分析舆情，提取有价值信息，或制造虚假言论，干扰民众情绪；还可通过运用微妙而复杂的认知攻防战术，诱导、欺骗乃至操纵目标国民众认知，达到破坏其政府形象、改变其民众立场，乃至分化社会、颠覆政权的目的，实现"不战而屈人之兵"。

据悉，ChatGPT 使用的自然语言处理技术，正是美军联合全域指挥控制概念中重点研发的技术。2020 年 7 月 1 日，美国兰德公司空军项目组发布《现代战争中的联合全域指挥控制：识别和开发 AI 应用的分析框架》报告。该报告认为，AI 技术可分为 6 类，自然语言处理类技术作为其中之一，在"联合全域指挥控制"中有明确的应用——可用于从语音和文本中提取情报，并将相关信息发送给分队指挥官乃至单兵，以提醒他们潜在的冲突或机会。

ChatGPT 目前存在的缺陷

ChatGPT 火爆的关键原因之一是"更像人类"，然而，"更像人类"不等于"趋近人类智能"。ChatGPT 仅仅代表 AI 的新高度，但它还是 AI，仍存在着天然缺陷。

目前，主流 AI 模拟的都是大脑的"模式识别"功能，即在"感知"到外部信号刺激时，能迅速分辨出其性质特点。AI 基于神经元的计算来模拟大脑的"模式识别"功能。科学家开发了各类基于神经网络算法的神经网络模型，并取得了良好效果。其基本原理是：这些模型都由输入层、隐藏层和输出层三部分组成；从输入层输入图像等信息，经过隐藏层的自动化处理，再从输出层输出结果；模型内部包含大量"神经元"，每个"神经元"都有单独的参数；如果输出结果与输入信息存在误差，模型则反过来自动修改各个"神经元"的参数；这样输入一次，跟正确答案对比一次，把各个参数修改一次，就相当于完成了一次训练。随着训练次数越来越多，模型参数的调整幅度越来越小，逐渐达到相对稳定的数值。此时，这个神经网络就算成型了。

这就是目前主流的神经网络算法，ChatGPT 也同样如此。不同之处在于，一般 AI 模型只有百万级训练数据和参数，而 ChatGPT 拥有 3 000 亿单词的语料数据和 1 750 亿个参数。前者是"喂给"程序的训练数据，后者则基于训练数据提升 ChatGPT 这个模型对世界的理解。这就是 ChatGPT 看起来"更聪明"的主要原因。但 ChatGPT 只是在数据处理上有大幅提升，其原理与过去的 AI 模型并没有本质区别。

了解了 AI 的基本原理，我们会发现 AI 存在两个天然缺陷。第一，AI 本身并不理解"它自己在做什么"。AI 模型就是一堆神经网络的参数，这些参数没有任何具体意义。AI 只负责输出结果，并不能解释输入与输出之间的逻辑关系。第二，AI 的"行为"是由训练数据决定的。训练 AI 的数据量越大，AI 的能力就越强。但数据再多，也只能代表"经验丰富"，一旦遇到意外情况，就会发生功能紊乱。可以说，AI 就是用大量数据"喂"出来的，它的表现完全取决于数据。

1.6.5 军用人工智能技术发展对策

从军事变革的历程看，军事技术特别是那些颠覆性技术在历次变革中发挥了源头促发性、基础支撑性作用，谁对技术变化拥有高度的敏感性并首先破解技术上的难题，谁就能深刻认识和掌握新的战争规则，谁就能控制和占领未来战争的制高点，打赢未来战争。

1. 准确判断和确定对军用人工智能技术发展的作战需求

当前以智能化为代表的军事技术群的发展，推动战争形态处在实时流变之中，这给确定军用人工智能技术发展作战需求带来新的挑战。应当坚持从战斗力标准角度审视军用人工智能技术战略价值，科学把握智能化在制胜机理、作战规则中的动力价值；应当在作战需求的路径设计上，以系统性、前瞻性思维来统筹处理机械化、信息化、智能化发展，突出智能化作战牵引，设计打赢未来战争对军用人工智能技术的新需求。

2. 制定军用人工智能技术发展的战略规划

应当从破解深化军事变革的难题出发，推动现代科学技术特别是颠覆性技术实现军事化。面对科技发展的"大变局""大突破"，应当搞好军用人工智能技术发展与应用的战略规划，突出智能化的目标牵引与规划主导，跟踪学习和借鉴国外前沿技术，加快军用人工智能与其他颠覆性技术的同步创新发展，积极发展基于智能化的非对称战争能力。

3. 利用军用人工智能技术创造教育训练的新环境

应当将军用人工智能技术引入教育与训练领域，推动教育训练体制、机制、模式、方法的变革。构建智能化仿真战场环境，并与科学家群体和实验室紧密联结，通过战略家设计战争、科学家仿真战争、军事专家与技术专家验证打赢战争的训法、战法，为提高官兵的物理技能、生理机能、心理效能等各层次的教育训练提供平台与环境支撑。

1.6.6 信息化与智能化融合发展

随着陆、海、空、天、电等战场作战平台的不断发展，军事信息化和军事智能化的融合已经成为不可阻挡的趋势。体现出智能化战争到来的纳卡冲突，离标志着信息化战争到来的海湾战争，也仅有30年。目前，计算机技术和卫星探测技术等军事科技的发展已经将军事信息化竞争推到了白热化的局面，军事斗争信息量和统筹工作的数据已成为天文数字。提高军事人工智能技术，加强军队智能化建设，保证军队信息化、智能化融合发展成为各国军事建设的重点。

从系统论、控制论和信息论视角来看，作为生物体的人的实践活动，主要分为"感知、控制和反应"三个环节，分别对应着战争与军事行动中的"侦察与监视、指挥与控制、打击与机动"。因此，武器装备是增强人的战争与军事实践能力的工具，战争形态演变的主线索是强化人的战斗功能。相应地，信息化与智能化融合发展的根本目的也就是提高己方的制胜能力。从纳卡冲突中阿塞拜疆军队的作战效果来看，以提高制胜能力为根本目的的机械化、信息化、智能化"三化"融合发展，应该更加强调作战过程中的人工智能作用，特别是作战感知与决策中的人工智能价值。

同时，人工智能技术并不能直接构成制胜能力，而是需要将其运用于认知对抗作战、自主攻防作战和跨域协同作战中，从而彰显出人工智能技术在提高制胜能力中的独特作用。认知对抗作战力量、自主攻防作战力量和跨域协同作战力量则是当前军事学术界突出强调的新型作战力量的重要组成。在"人定规则，无人作战"的集群自主攻防作战背景下，人与机器可以实现内在融合，实时感知战场态势，按预定作战规则自主分发作战任务、规划行动路径、协同执行任务、精准评估战场。在获取认知对抗优势和自主式集群攻防优势的基础上，优势方也具备了跨地理域、跨功能域、跨作战样式的跨域作战能力，可以实现多域联合指挥控制、跨域协同火力打击、多域联合机动突防、跨域综合保障，形成以多域对单域、体系对局部、融合对分散的体系与能力优势。因此，信息化和智能化融合发展的核心内涵就是要构建新型作战力量。

事实上，新型作战力量广泛存在于陆、海、空、天、电、信、网、认知等作战空间，作战空间随着科技发展和武器装备升级而不断扩大。信息化和智能化融合发展的战略发展方向就是要在细分基础上拓展并融合作战空间。由于主要军事强国均在不断拓展作战空间，在技术相对均衡的情况下作战空间会趋于某种极限。因此，能够围绕作战任务，有效融合各个不同的作战空间，成为制胜思路。

1.7　信息技术新发展对军队信息化建设的影响

信息技术的新发展对军队建设具有重大影响和作用。鉴于军队建设涉及范围很广，本节集中探讨对军队信息化建设的影响。通常认为，军队信息化建设是在军队各个领域广泛运用信息技术，发展武器装备，开发利用信息资源，聚合重组军队要素，提高联合作战能力，推进军队变革发展的战略任务和过程。从技术上具体分析，军队信息化建设的战略任务主要包括战场感知系统、指挥控制体系、信息化主战装备、信息对抗系统和信息基础设施等各项建设。以下将从这些方面分析信息技术的新发展对军队信息化建设的影响。

1.7.1　战场感知能力不断增强

信息技术新发展对战场感知能力的影响，首先表现为微电子、光电子技术的进步使新型侦察卫星和预警卫星投入应用，大国和强国将具备更全面的预警侦察能力。例如，2011 年，美国发射了新的"锁眼"（KH－12）光学照相侦察卫星和首颗"天基红外系统"地球静止轨道卫星（geostationary earth orbit，GOE）。前者可将由于缺乏光学侦察卫星而产生的侦察空白由 9 个月缩短为 33 天，而且对地面目标的分辨率可达到厘米级。后者载有先进的扫描红外探测器、凝视红外探测器和电子信号收集系统，不但可以提供弹道导弹预警信息，还可以用于战场情报收集，向地面部队实时提供广域战场的态势感知情报。其高速扫描红外探测器的扫描速度和灵敏度比原来的"国防支援计划"卫星提高 10 倍，显然，这将大幅提升美军对弹道导弹的预警能力和反导作战能力。又如，2013 年前后，美国部署了 10 架"全球鹰"高空无人侦察机，采用即插即用结构，搭载合成孔径雷达、红外热像仪、可见光摄像机和电子侦察装置等侦察载荷，定点侦察分辨率达 0.3 米，可识别伪装和穿透掩盖遮障，具备大纵深、大面积、全天候侦察能力。2018 年 6 月，日本在鹿儿岛使用一枚搭载情报收集卫星的 H2A 火箭将卫星送入轨道，该卫星是可在恶劣天气进行侦察的雷达卫星。2020 年 2 月，日本在种子岛航天中心用 H2A 火箭成功发射了情报采集卫星光学 7 号机，提升了日本的天基情报获取能力。2021 年 4 月，美国联合发射联盟公司的 D4H 重型运载火箭在加州范登堡空军基地发射了美国国家侦察办公室一颗保密卫星，据分析可能是 KH 系列的升级版侦察卫星。法国已拥有 Helios - 2 和 Pleiades 等光学照相侦察卫星，现正试验导弹预警卫星和电子情报侦察卫星，而且与德国、意大利分别签署了光学/雷达卫星数据共享协议，将全面提升预警、侦察能力。

其次，无线传感器网络技术可极大地增强战场态势感知能力。由于传统的战场感知需要借助昂贵且数量有限的传感器获取情报，如借助雷达、光学相机、热像仪、微光夜视仪等专用设备获取目标信息，因此，构建的战场感知系统在使用时难免存在侦察盲区和时间上的不连续性等问题。而射频识别技术和无线传感器网络技术的开发和利用，能在战场上以十分低廉的成本进行大量部署，形成全方位、全频谱、全时域的多维侦察监视体系，极大地增强战场感知能力。如"智能微尘"传感器装置，其体积只有沙粒般大小，却包含了从信息收集、处理、无线通信所必需的全部物件和功能，如果植入己方各类装备（包括零部件）、物资和人员身体上，战时大量抛撒在地面目标区域和空中，并利用无线通信系统形成网络，能在远距离全面监控和掌握战场敌我双方人员、装备及物资的流动情况，包括作战损失和保障需求等，因而能形成更完整、详细、精确的战场态势图，进而完全实现战场的透明化。

美军已开始将无线传感器网络投入实际应用，除了海军的协同作战能力系统，特种作战司令部和陆军第三军等部队也在应用相应的系统。例如，驻得克萨斯州胡德堡的美国陆军第三军将大量无线传感器网络技术和装备用于验证指挥和情报行动原则。利用该类无线传感器网络系统，在军级和师级指挥所的数字化地图上能够近实时地显示来自传感器网的信息，包括敌军和友军部队当前的位置，提供更清晰的战场图像和目标捕捉数据。在控制分队的数字化地图四周，平面显示器能够显示无人机视频图像、E–8C"联合监视目标攻击雷达系统"移动目标数据、气象卫星图像和航拍图片等。这种情报能力大大加强了指挥官对战况的全面掌握。

最后，云计算技术被用于战场感知，能极大地提高情报、监视与侦察系统的信息处理能力。如2020年7月，美国国防高级研究计划局授予美国帕洛科技公司"海洋物联网"第二阶段开发权，大幅扩大浮标部署规模，开展基于云计算的浮标大数据分析。"海洋物联网"项目是针对海上战场态势感知能力设立的重要研发项目，由海上浮标、卫星通信系统和基于云的数据分析系统组成，通过利用机器学习、云计算、大数据等技术来提高美军海上态势感知能力。

1.7.2 指挥信息系统的功能进一步扩展

首先，信息技术的新发展使指挥信息系统的功能更趋完善，性能更先进。例如，云计算系统可为指挥信息系统提供丰富的存储计算能力，处理和存储态势感知、指挥与控制，以及情报、监视与侦察所需的大量数据。美军通过开发军事云，依托云计算环境使指挥信息系统具有更强大的情报融合和快速决策支持能力，为高效指挥美军在全球范围内遂行作战或执行非战争军事行动提供了有力支撑。2012年，美国陆军通信与电子研究、开发和工程中心启动"指挥控制应用的决定性优势"项目的研究，将云计算技术用于战场指挥控制，使作战人员可在战场任何位置通过可变网络链接获得指挥控制能力和情报服务。未来前线作战人员借助数字无线电台、可穿戴计算机及其他移动设备，能够方便地访问云环境，从指控和情报平台获取重要战场态势信息。根据美军GIG计划，2020年美军完成陆军所有网络和通信系统的集成，包括陆军预备役部队的"陆军预备役部队网"、国民警卫队的"警卫队网"和"全球信息栅格——带宽扩展网"，以及"战术级作战人员信息网"、"联合战术无线电系统"、移动和中继通信系统等，为陆军提供全方位、实时的、大容量的保密信息，使目前的指挥和信息系统所能提供的服务有质的飞跃，从而使各兵种作战要素之间完全实现信息共享和无缝链接，实现真正意义上的一体化联合作战。2021 年 5 月，美国国防部长奥斯汀签署《联合全域指挥控制战略》。同年 10 月 12 日至 11 月 10 日，美国陆军举行 "会聚工程 2021"（Project Convergence 2021）作战试验，以在印太地区第一和第二岛链执行任务为背景，开展了联合全域态势感知、智能化自主化情报侦察等 7 个作战场景的演习，对基于云的网络体系、自主目标探测识别和优先级排序、智能化战场态势生成与理解等 100 多项关键技术进行了作战试验。演习中试验了 "数据编织"（Data Fabric）技术，测试其整合不同系统的大量信息源和数据格式的能力；还重点演示了 "战术目标瞄准访问节点"、"火风暴" 人工智能系统应用以及一体化防空反导作战指挥系统与先进野战炮兵战术数据系统的协同工作。

其次，应用无线传感器网络和新型无线通信系统等能够为武器火控和制导系统订定目标信息，为原有的指挥信息系统直接增加目标装订的功能。这样，指挥信息系统的指挥控制功能从 "七位一体" 的 C^4ISR 系统经由 "八位一体" 的指挥、控制、通信、计算机、杀伤、情报、监视、侦察（command, control, communication, computer, kill, intelligence, surveillance, reconnaissance, C^4KISR）系统，进一步扩展为 "九位一体" 的指挥、控制、通信、计算机、杀伤、情报、监视、侦察、目标标定（command, control, communication, computer, kill, intelligence, surveillance, reconnaissance, target, C^4KISRT）系统。指挥信息系统的指挥控制功能被延伸到武器火控系统对目标的准确发现、直接装订再到指挥射手实施打击，指挥速度进一步提高，作战流程进一步缩短，真正实现 "从传感器到射手" 的无缝链接。

再次，随着物联网在军事领域的应用，可以在地面战场大量部署各种传感器，并与配置在卫星、飞机、舰艇上的传感器相连接组成网络，通过汇聚节点将数据送至指挥中心，最后融合成完整、精确的战场态势图，确保指挥员能及时、充分了解和掌握部队的部署与作战情况，更准确、高效地实施协同指挥。由于物联网是由密集、低成本、随机分布的节点构成的，自组织性、高冗余和较强的容错能力使其不会因为某些节点在受到攻击时损坏而导致整个系统瘫痪。物联网的这种鲁棒性特点使基于物联网的指挥信息系统的性能更先进，实施作战指挥控制更加可靠，对于体系作战能够提供更强有力的支撑。

最后，应用云计算构建作战指挥云，可以非常方便地将传统的金字塔式树状结构指挥方式改变为"端－云－端"的扁平状指挥方式，从而大大缩短作战指挥流程，减少作战信息流动环节，提高指挥信息系统辅助决策能力，加强各军兵种的横向联合，加快部队的反应速度和提高作战能力，真正实现信息化条件下的一体化联合作战指挥。

1.7.3　主战装备日趋信息化、智能化

体系作战的火力打击系统主要由精确制导武器、信息化主战平台和指挥控制系统等组成。信息技术的新发展，如嵌入式片上系统和各种智能芯片以及人工智能技术的应用使其组成部分的信息技术水平与含量进一步提高，使得弹药精确制导化成为普遍趋势，而且具有智能化特征的精确制导武器的打击精度和主战平台的隐身化与智能化程度越来越高。特别是自主控制的多功能智能化无人机和地面机器人等装备大量投入作战应用，表明未来体系作战的火力打击系统将发生重大变化，作战效能将获得质的提高。

近几年来，各发达国家都在研制各种精确制导武器。例如，2020 年 2 月，美国加州理工学院团队研制出一种基于硅基集成化工艺的芯片级光学陀螺仪，具有极高的稳定性和灵敏度，可以测量地球自转转速。该集成化微型光学陀螺仪的高精度、小体积、低成本等综合性能优势，对于提升精确打击武器系统的效费比、集群作战效能及环境适应性等均具有重要意义。同年 3 月，美空军研究实验室联合诺斯罗普·格鲁曼公司和美国 TDI 公司完成"灰狼"（Gray Wolf）巡航导弹 TDI－J85 低成本涡喷发动机的最大推力试验。同年 12 月，在美空军研究实验室和美国科学应用与研究协会的技术支持下，美空军试验中心完成"金帐汗国"（Golden Horde）自主弹药蜂群技术验证项目的首

次飞行试验，这意味着自主弹药即将走上现代化战场。美国《防务新闻》周刊报道称，美国陆军重型地面机器人已进入全速生产阶段。2020 年 11 月，俄罗斯《消息报》报道称，俄正在精确制导战术导弹系统概念实施框架内，开展 "克列沃克 - D2"（Klevok - D2）陆基中近程小型高超声速导弹项目的研发工作，使导弹达到 170 米/秒巡航速度。该项目可用于紧凑型发射装置，导弹的速度、射程有望大幅提升，将极大提高作战效率，使俄军增强对陆打击火力。

现在，全世界已有越来越多的国家和地区在发展智能化或具有一定智能化特征的无人机、无人舰艇或机器人车辆，智能化已成为未来信息化武器装备和精确打击作战的主要发展趋势之一。不但如此，从最近几年的发展趋势分析，随着物联网和机器人研究的不断深入，美国、英国、以色列等国家已经研制出完全自主控制的无人驾驶作战飞机，这类智能化的无人作战飞机可以独立遂行空对空作战，也可以与有人驾驶作战飞机混合编组遂行空对空或空对地打击作战。

但应该注意到的是，原本被看好的自主式机器人成建制地编入地面部队走向战场的前景堪忧。自主式机器人集群作战演习表明，由于程序设计难度大，机器人的智能控制技术、自学习技术和与人类的交流技术等关键技术还没有实现突破，这导致自主式机器人暂时无法识别敌我及战场上的伤员和投降者，可能会滥杀无辜。因此，美军认为自主式作战机器人的研制将推迟 20 年。同时现在国际上要求禁止研制自主式作战机器人的呼声越来越大。

1.7.4 信息对抗系统性能更加先进

信息技术的不断创新发展、新型电子战系统和网络攻防技术的广泛应用以及各种基于网络化的军用信息系统的作战体系的建立等，将使信息空间的攻防对抗以及网络安全问题更显重要。例如，EF - 18G 电子战飞机、以 F - 35 战斗机为平台的电子攻击机、AGM - 88E 反辐射导弹等新型先进电子战装备的应用将使制电磁权的争夺更加激烈。特别是新型电子战飞机和机载航空电子战系统的使用，可带来电子战方式的变革。例如，新型专用电子战飞机可在更远的距离上提供远程干扰；先进的战斗机机载航空电子战系统自身具有的掩护支援干扰能力可减少专用电子战飞机使用甚至不使用，从而使随队支援干扰方式发生变化，航空作战编队更精干灵活，电子战方式更加多样，同时提高了空中力量的总体作战效能。

随着新型网络攻击手段和网络防御技术的应用，网络攻防对抗呈现出更为隐蔽复杂的局面。2020 年，美国在测试最新电子战系统时，成功控制了敌方军事卫星。该电子战系统可以访问或控制外国的军事卫星或航天器，预计在 2027 年，美军的此类武器数量将会增加到 48 个。

更引人注目的是，按照军事专家的分析预测，物联网广泛应用于军事领域以后，可使军队的任何物品根据需要相互连接，这就为以无线注入方式对军用网络基础设施开展攻击大开方便之门，接入物联网的军事系统和设施等都将成为网络攻击的重要对象，无疑将使网络空间面临更大的威胁。这样，敌对双方之间将形成网电一体的"物联网战线"。如果采用网电一体的攻击手段，通过物联网不但可以攻击敌方的计算机与互联网，包括对敌方的指挥控制系统、通信枢纽、天基信息系统以及信息基础设施等进行控制，使其拒绝执行命令等，而且可以直接入侵敌方的主战装备系统，如进入导弹发射平台，为其发射控制系统植入发射参数及飞行路线数据，启动导弹对敌方自己的目标发起攻击，甚至可以改变机器人士兵智能芯片中的程序，输入操作指令及任务指令，令其在战场上反戈一击。显然，利用物联网技术展开的网络战将原来的网络战触角从虚拟空间延伸到现实空间，而且将开启网络战"硬摧毁"的新模式。因此，基于物联网的信息战特别是网络战的手段、规模和强度都非互联网的网络战可比，这对网络安全也提出了更高的要求。

鉴于上述考虑，近几年来，世界主要大国或强国都非常重视发展信息战装备，提高信息战能力，同时更加强调网络安全，以在未来信息化战争中获取制信息权。例如，2018 年 3 月，美国网络司令部发布《实现和维护网络空间优势：美国网络司令部指挥愿景》，将网络空间领域的军事优势争夺提升到了全新的高度。同年 9 月，美国又发布《2018 年国防部网络战略》，重申了来自俄罗斯等国的网络空间竞争，并明确了应对网络空间竞争的战略途径。2021 年，美国国防部加速推动网络安全架构向零信任的转型。同年 4 月，美国国防信息系统局发布《零信任参考架构》，为国防部大规模采用零信任架构设定了目标、原则、标准和技术要求。

1.7.5　信息基础设施进一步一体化

军事信息基础设施，是指保障军事信息传输、处理、防护和管控的各种软硬件设施，是军队信息化建设和能够为军事行动提供可靠的信息服务的公共信息环境。信息技术新发展对信息基础设施建设的影响，主要体现在以下两个方面。

第一，利用云计算技术，促进通信与指挥控制网络的整合，提升信息系统服务能力。例如，2020 年 9 月 11 日，美国陆军企业云管理办公室发布了《陆军云计划 2020》，该计划阐述了建立名为 cARMY 的通用云环境的构想，这种经过授权和认证的云环境将承担起美国陆军诸多应用系统和数据的汇总储存工作。通过应用系统和数据的汇总，美军着力推动数据转型。

第二，实现整个信息基础设施的一体化。例如，2012 年美国国防信息系统局发布《全球信息栅格整合主计划》，决定采用基于云计算的技术框架，即使 GIG 按照普通用户服务层、平台服务层、基础设施服务层、任务保障服务以及企业服务管理等框架整合全球信息栅格。同年发布的《云计算战略》又进一步提出，要以全球信息栅格为基础改善国防部云计算环境，优先推进云计算基础设施建设，确保云环境的可扩展性、高度灵活性，将全球信息栅格的信息服务和信息资源转移至核心数据中心，并以此为主体建成各种信息设备和资源的基础平台。同时，云计算基础设施还能与国防部的保密与非保密传输网络、情报网络等专用任务信息网络进行安全的数据交换。这样，通过发展和采用云计算技术，美国的全球信息栅格的整合化程度更高，能为在全球的各类美军用户提供适用、可靠、安全的信息服务，从而使美军的建设和军事行动建立在崭新的信息环境之上。美军建设国防信息基础设施的最终目的是以基于云计算环境的 GIG 为基础，将遍布全球的传感器网、作战部队和武器平台网，以及指挥控制网等融合起来，实现三网合一，为作战人员、指挥人员和保障人员提供全方位的信息共享与服务，满足网络中心战的需要。美军的国防信息基础设施将为其推行全球军事战略以及全球作战提供更可靠的支撑。

第 2 章

信息时代世界主要国家的军队转型及其特点

2.1 军队转型概述

随着火药技术和内燃机技术的发明运用，人类社会先后经历了由冷兵器时代向热兵器时代，再由热兵器时代向机械化时代的军队转型。两次转型不仅开辟了全新的战争景观，也极大地影响了世界历史的发展进程。20 世纪七八十年代以来，以信息技术为核心的高新技术群蓬勃发展，为军事效能的倍增开辟了新的技术空间。冷战结束，又开启了世界新一轮的战略博弈。世界主要国家相继结合冷战后的战略需求，广泛将信息技术应用于军事领域，信息化军队建设已成为当今世界军事发展的时代潮流。此次转型以信息技术为依托，以信息化时代的内在要求为依据，推动着工业时代的军事形态向信息时代的军事形态转变。

纵观世界近年局部战争，信息化程度不断提高，智能化特征日益明显。信息的获取和使用关系到军事行动能否有效开展，进而直接影响战争的进程和结局，信息化战争已成为 21 世纪战争的主要形态，加快军队信息化建设是建成世界一流军队、顺应时代发展潮流的必然之举。军队转型是对自身军事体系进行的整体性的、根本性的变革，是战争形态转变期军队现代化的时代内核，是军队建设发展过程中质的提升。

2.1.1 什么是军队转型

什么是转型？转型就是一个更新过程，是对环境的适应。转型步伐和进展取决于实施转型的组织性质、环境以及转型的驱动力。转型对象既可以是个人、小型组织，也可以是大型机构、行业、相关实体组成的团体乃至整个社会。环境与实体的持续生存能力有关，并限制其适应能力。变革和人类适应性始终是转型的重要组成部分。变革提供所需的促进因素，以克服与现状有关的惯性；现状是为适应一系列条件而达到的一种旧有平衡，但目前这些条件已不再适用。转型有可能被管理，也可能无法驾驭。实际上，大型机构转型的程度可以作为重要问题来管理。

什么是军队转型？美军是这样描述的："转型指这样一个过程，以综合运用理论、能力、人员和组织的新方式，重新塑造变化中的军事竞争与合作，以便充分利用国家优势保护己方的非对称薄弱环节，巩固国家的战略地位，维护世界的和平与稳定。"这里"重新塑造变化中的军事竞争与合作"的基本含义，是指以大大降低的风险和代价，完成以往难以想象或绝无可能完成的任务，重新确立军事胜利的标准。从该基准出发，就能够对比和评估使用新的组织结构、能力和条令达成军事目标的新作战理论，进而判断它们的转型是否到位，是否值得进行重大投资。这样做必将淘汰以往的作战方法，改变衡量军事行动成功的标准，使之向对美军有利的方向转变。

综上理解，军队转型是军队建设和运用方式的重大变革。军队转型由军事技术的进步引发，通过武器装备、体制编制、作战样式、军事理论、教育训练、后勤保障及部队管理等军队建设各个环节的适应性变革，最终实现军队效能的整体跃升，是一个由点及面、环环相扣、不断深化的过程。

2.1.2 如何认识军队转型

美军是向信息化转型的先驱。美军认为转型已成为美国防务战略的关键因素，五大原因（包括现状带来的困难、非对称威胁增多、对部队的挑战增多、历史机遇、大国的地位等）使这次转型具有强烈的紧迫感。为确保在作战中继续处于可支持战略目标的压倒性军事优势地位，美军认为转型是必要的。对于威胁既不能反应迟钝，也不能长时间投入大量部队。美军的战略要求转型后的部队既能在前沿部署地区采取行动，又能得到其他地区的快速增援，更能迅速而决定性地打败敌人，同时在美国本土实施主动防御。在阻止冲突、劝阻对手和确保美军所谓履行对世界和平的其他承诺方面，部队转型也是极其重要的。从长远看，美军的安全和世界其他多数地区的和平与稳定均有赖于转型成功。

新一轮军队转型既是对以往历次军队转型的继承和延续，也是发展和超越。因此，有必要认真梳理总结历次军队转型所展现出的规律性特点，深化对当前军队转型的认识。

1. 军队转型的成效关乎大国地位

历史上，无论是世界范围内的力量格局调整，还是区域范围内的强弱转换，都与当时有关国家军队转型的成效有密切关系。15 世纪前，亚洲一直是世界上的"发达地区"，欧洲则是世界上的"发展中地区"。但 15 世纪以后，西班牙、葡萄牙、荷兰、英国、法国等西欧国家，抓住了热兵器革命的历史机遇，对军队的装备、体制、战法进行了改革，以"坚船利炮"打垮了仍处于"大刀长矛"冷兵器时代的国家，形成了西欧对世界其他地区的优势地位。欧洲国家之间力量地位的演变，也受到军队转型的直接影响。进入 19 世纪后，普鲁士率先进行了一系列军事改革，充分运用线膛枪、铁路和电报等重大技术发明，实行普遍兵役制，建立总参谋部，设立军事院校培训军官，增强了普军的火力、机动力和指挥控制能力。普鲁士以不及奥地利三分之一、法国二分之一的人口，依靠成功的军队转型，相继战胜强大的奥地利和法国，实现了德意志统一，一跃而成为欧洲强国。

美国军事专家马克斯·布特在《战争改变历史》一书中评论说，"能够抓住变革机遇的国家就会成为历史进程中的胜利者，反之则会被边缘化甚至惨遭亡国之灾。每次军事变革都伴随着国际力量对比的改变"。当前，世界主要国家军队转型与国际力量对比消长不期而遇。历史经验表明，此次军队转型同样将对世界格局及大国力量消长产生重要影响。

2. 军队转型是依托技术进步实现军事需求的变革活动

军队转型意义重大，是军事发展历史进程当中的一个节点、一个阶段。军队转型的重要目的，在于通过运用最新科技成果，实现和发展在长期军事实践过程中形成的一系列原则和需求，在新的起点上提升军队的作战效能。如"兵贵神速"这一用兵原则冷兵器时代就有，但它的实现过程却一直受到技术的制约。20世纪军队的机械化转型，使这一原则得以充分实现。当今部分发达国家军队实现的"战场透明"，也是依托信息技术的广泛使用，对古老作战原则"知己知彼"的继承和超越。

因此，军队转型并非对以往军事斗争经验与成果的颠覆或全盘否定，而是依托技术进步实现继承中的发展、延续中的超越。

3. 军队转型要经历实践与理论的往复互动

战争和军队建设实践催生和检验着新理论，理论的创新又对实践具有引领和指导作用，并最终在实践中得到检验和校正。一战后，英、美、日等国海军相继发展了航母和舰载机，但对其在海战中的作用却有不同认识。一派仍坚持军舰和舰载火力在海战中的主要作用，另一派认为以航母为核心的作战飞机将在未来海战中发挥重要作用。这场争论关系到海军转型的大方向，一直持续到二战战场上，才在海战实践中逐步得出了答案。1941年12月10日，英军"威尔士亲王"号战列舰和"反击"号战列巡洋舰在数小时内就被日军作战飞机炸沉。美军也是利用航母舰载机，在中途岛战役中一举击沉日军4艘主力航母，实现了太平洋战争的转折。发明不到40年的飞机战胜了沿用400年的舰炮，实现了机械化战争时代海战形态的转型，海军航空兵的发展进入了一个新的阶段。

2001年，美军提出了"快速决定性作战"理论，强调依托美军信息、火力、机动优势，达到击敌节点、速战速决的作战效果，并在伊拉克战争军事行动阶段取得一定成效。但这种作战理论在阿富汗的战场实践中，却难以应对高度分散的反美武装。在理论与实践的互动中，美军提出了新的"混合战争"理论，应用于阿富汗战场的实践。历史和现实都表明，军队转型是在理论与实践的循环往复中向前推进的，认识这一点对于科学把握转型的步骤、节奏意义重大。

·知识延伸

- 混合战争 -

混合战争理论最早由美军提出，后被多个国家接受并得到完善。2005 年，美国军事专家弗兰克·霍夫曼与原美国防长、时任美海军陆战队作战发展司令部司令詹姆斯·马蒂斯撰文指出，传统的"大规模正规战争"和"小规模非正规战争"正逐步演变成一种战争界限更加模糊、作战样式更趋融合的混合战争。2007 年，霍夫曼在专著《21 世纪冲突：混合战争的兴起》中详细阐述了美国未来面临的混合威胁，将混合战争定义为"为实现政治目的，在战场上同时协调运用常规武器、游击队、恐怖分子和犯罪活动的复杂组合"。

2014 年，北约峰会的宣言报告提出，必须要让联盟准备好参与新型战争，例如所谓的混合战争。根据北约的意见，这类战争由武装力量、游击队和其他武装组织根据统一计划发动广泛的直接军事行动，同时还有其他各种类型的民事单元参加。英国则将混合战争理解为"在联合行动中使用军事和非军事工具，以达成突然性、夺取主动权和获得外交行动中的心理优势；大规模且迅猛的信息、电子和网络行动；掩护和隐藏军事和情报活动，同时与施加经济压力结合起来"。英国的定义突出了混合战争和传统战争之间的区别，即将军事领域的行动方式、装备和技术向非军事领域转移的趋势。俄罗斯军事理论家认为，混合战争战略必须包含"手段的总和"，军方和政府应该共同提高战略态势感知和预测能力。俄罗斯武装力量总参谋长格拉西莫夫认为，不仅仅是国防部，每个政府部门都必须有一个清晰的管理结构，并能够在数小时内应对危机，支持混合战争。这反映了俄罗斯对统一控制混合战争必要性的讨论。此外，俄罗斯正在扩大涉及国家安全的资产库，使之包括俄罗斯社会的所有组织，包括政府、企业、文化和媒体机构。

总体而言，"混合战争"是指参战部队在同一战场空间内同时遂行多样式作战行动的一种战争模式。从战争实施者看，既可以是主权国家，也可以是非国家行为体；从参战力量看，既包括正规部队，也包括非正规力量，而且往往是两者的高度融合；从使用武器装备看，既包括主权国家军队才拥有的高技术武器，也包括简易爆炸装置等低端武器；从作战样式看，是常规战、非常规战、恐怖袭击和犯罪活动等手段样式的混合；从作战目的看，是击败对手和争取民心的结合；从战争涉及的领域看，是政治、军事、经济、信息和心理领域的混合。

4. 军队转型是从传统状态向新型状态的演变

军队转型是对传统观念和做法的扬弃，通过新旧两种观念和做法的碰撞契合，实现军队从传统的、熟悉的状态，向新型的、陌生的状态转变。这必然要经历一个过渡期。在这一过程中，原有矛盾没有完全消除，新的矛盾又会产生，处理不当会影响部队的作战效能。军队转型过程中战斗力的变化会呈"马鞍形"，由于需要时间去适应新的武器装备、新的体制编制及新的作战理论，一定时期内战斗力可能会受到影响而下降，但最终成功的转型将使战斗力大幅提升。"马鞍形"效应是一条应引起高度重视的规律。

俄军在转型中实施了军旅制，由于以往对旅战斗力生成方式的理解尚不深入，旅的编制和武器配置不完善，部队的机动性虽有提升，但火力有所下降，致使俄军在车臣战争中表现不佳。为此，俄军在"新面貌"转型中，在军旅制的基础上，加强了火力配置。俄军方评估认为，新型作战旅的战斗力有所提升。

5. 军队转型是涉及多个环节的整体性变革

军队转型既包括军事技术、武器装备等"器物层面"的改革，也包括军事管理、军队文化、战斗精神等"机制文化"的发展，是涉及军队建设各领域的全面变革，其中任何一个环节出现问题，都可能影响到战斗力的提升。《战争改变历史》作者布特认为，科技"为军事变革提供了潜在可能"，但"各国及其军队能在多大程度上发挥新战争工具的内在潜力，取决于组织、战略、战术、领导、训练、士气及其他与人有关的因素"。

二战前，德军拥有坦克2 400多辆，而英法盟军拥有4 200多辆。在当时的机械化战争转型过程中，双方都重视了坦克和装甲车这一硬件建设，但德军在此基础上，还在装甲作战理论、部队训练等方面进行了改革，并高度重视培养作战士气，从而在所谓"闪击战"中迅速击溃英法，迫使法国投降。法国历史学家马克·布洛赫曾一针见血地指出，"德国的胜利实质上是先进理论的胜利"。

总之，军队转型是时代的产物，是一个历史过程，它不是一场有特定时间节点、有特定完成标志的集中"会战"，而是多个事件相互交织、循环往复，多种尝试相互作用、积累汇聚的总和。历次重大军队转型其实都是对以往一系列变革实践的历史总结和概括，是一个由自发到自觉、由量变到质变的过程。军队建设无时无刻不处于调整变化之中，随时随地、积极主动地发现和解决存在的现实问题，是实现转型的起点和动力。某一项具体改革或某具体建设，只是整体转型中的一个环节，突出局部、忽视全局将会影响转型的整体效益。一项转型措施的成败与否，需要反复探索检验，因一时之功或一时之挫而下定论都是不稳妥的。在转型过程中时刻保持脚踏实地的态度、着眼全局的眼光和客观冷静的心态十分重要。

2.2 美军转型的主要情况与特点

自从苏联解体后，美国的安全环境以及所受威胁与挑战的性质在不断演进。对于各种传统与非传统威胁的相对重要性以及应对新兴威胁的紧迫性，争论不休。21 世纪以来，美国国防部已从基于威胁的战略转向基于能力的战略，争论也随之而变。2001 年发生的"9·11"事件使得美国国防部转型的必要性备受关注——从为了完成传统军事使命的部队转型为能够威慑、阻止和战胜各种非传统对手的部队。

2.2.1 美军转型的主要情况

1. 美军转型的阶段划分

美军此轮转型始于 20 世纪 70 年代越南战争结束后，大致经历了三个阶段。

（1）20 世纪 70 年代中期至 90 年代初期

越战失败后，美军经过十多年的痛苦反思和不断调整，从改革兵役制度、制定"空地一体战"等新作战理论、完善联合作战指挥体制、发展更为实用的武器装备入手，进行了一系列重大的改革，使美军的战斗力发生了较大飞跃。

（2）20 世纪 90 年代初期至 21 世纪初期

在海湾战争和科索沃战争等多场局部战争中，美军以较小的伤亡代价取得了压倒性胜利，充分展示了前一阶段转型的成果，也使战争形态发生了重大转变。因此，美军推进转型的决心更加坚定，行动更加自觉，内容更加全面。

（3）21 世纪初期至今

美国前国防部长拉姆斯菲尔德推行激进转型，出台一系列以信息技术为核心的转型规划，追求超前技术、超前理论。美军转型在阿富汗和伊拉克战争的主要作战行动中得到了部分检验，并取得了一定效果，但却陷入战后泥潭。美军总结反思军队转型和近几场局部战争的经验教训，着力推进"二次转型"，突出强调要建立"强大稳固的太空力量、安全可信的信息系统、支撑联合作战的信息基础设施"，从"精确化、网络化、一体化"拓展到"太空化、智能化、隐形化"。

2. 美军的转型计划

美军的转型主要体现在从战略到概念再到能力，如图2-1所示。首先是从国家安全战略和国防战略需求出发，牵引出军事转型战略，提出了网络中心战的理论。然后在军事转型战略指导下，引出了信息化条件下的联合构想，提出了联合作战和联合行动概念，以及基于效果的概念。最后以基于效果的联合能力建设为落脚点，这些能力包括指挥控制、情报监视侦察、机动、火力、后勤和部队防护等。

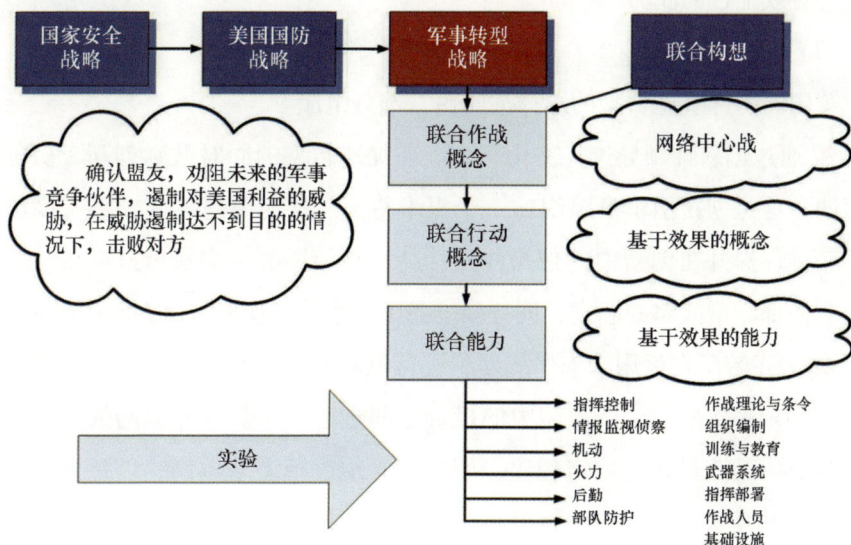

图2-1   美军转型——从战略到概念再到能力

下面以2003年拉姆斯菲尔德签署的《美国国防部转型计划指南》为例，介绍其转型计划的主要内容，包括转型范围、转型战略和转型实施的主要内容。

（1）转型范围

美国国防部转型计划涉及了三个领域，包括作战方式转型、事务处理方式转型、合作方式转型。

● 作战方式转型。作战方式转型涉及所有支撑未来联合作战的军事能力的领域，包括条令、组织、训练、物资、领导、教育、人员和设施等。

● 事务处理方式转型。事务处理方式转型主要是指美国国防部内部事务处理和计划制订方式的转型，涉及作战计划、国防采办、人力资源等领域，提出基于能力的资源配置程序的理念，强化灵活适应型应急作战计划的制订。

● 合作方式转型。合作方式转型一方面涉及国防部与其他部门合作方式转型，通过转型把军事力量和国家力量的其他手段相结合，以提高实施无缝隙作战的能力；另一方面涉及与多国合作方式的转型，提高与盟国或多国部队进行有效配合的能力。

（2）转型战略

美国国防部实施转型的总体战略由三部分组成。

● 通过创新性领导进行文化转型。在加速转型的同时鼓励创新，历史经验表明，这是创新型军事组织的一个根本特征。这需要高级领导具有高度负责的精神，提升在创新中的带头作用。高级领导还必须切实做好准备，履行落实国防部转型战略的职责，同样要准备消除当前工作中有碍创新的因素。

● 程序转型。运用未来作战理论进行风险判断。国防部必须在当前作战的需求和未来作战理论所需能力的投资之间进行平衡。这方面的战略包括两个部分。一是改革能力确定程序。国防部必须改革需求体制，以更好地认定和评估可减轻未来风险的具体项目。这将通过投资发展联合作战理论需要的转型性能力来实现。二是战略分析转型。除改革能力确定程序外，国防部还需进行分析能力转型，以便为制订战略计划进行正确的风险认定和评估。国防部必须能够完善基于能力的计划制订程序，解决威胁和能力之间存在的更大的不确定性问题，必须能够在各个时间段和多个战区级作战之间进行风险比较。

● 通过部队转型实现能力转型。支持部队转型的战略主要包括四大支柱领域：强化联合作战；利用美国的情报优势；进行支持新作战理论的试验；发展转型性能力。

落实国防部的部队转型战略，将使美军由工业时代军事转变为信息时代军事。信息时代的军事力量较少以平台为中心，而更多以网络为中心，能够通过安全可靠的网络，为各级司令部提供行动信息，加大信息共享程度，实现兵力更加分散的配置，进而为提高指挥速度和增加在整个战场空间进行自我协调的机会创造条件。为建设具有这种特征的部队，必须对四大转型支柱加大投资力度，目标是使军队能够实施如下样式的作战。

● 常设联合部队司令部在应急反应中，制订基于效果的应变灵活的作战计划，运用网络化、模块化、快速反应的联合作战部队，挫败敌人的威胁。

● 美军将综合运用更为有效的沾染规避措施、机动性基地、时效性强的目标打击能力，挫败大多数潜在敌人的反介入或区域拒止能力。

● 美军将凭借 C^4ISR 能力，获取联合的相关战场空间态势感知，提高从传感器到射击器目标打击的速度和有效性，确保网络中心战具备通信顺畅和其他条件，从而充分发挥美军的非对称优势。

● 具有态势感知优势的合成兵种部队将在战场上更加自如地实施机动，迫敌集中到美军精确作战能力能够发挥最佳打击效果的地方。

有能力实施上述样式作战的军队，必将能够更好地实施新的国防战略，最终实现以下六项作战目标。

● 保护重要作战基地（美国本土、海外部队、盟国和友好国家），挫败核武器及其他高爆武器的威胁，确保有能力及时编组和投送部队，克服对手升级选择的威慑。

● 在远距离反介入或区域拒止条件下投送和保障美军部队，挫败反介入威胁，能够在与对手快速交战时保持与使用最为有效的进入途径。

● 持续运用监视、跟踪和大量使用精确打击武器的快速交战，摧毁敌藏身之地，使美军能够快速推进战局，剥夺任何敌人达成有限目标的希望，保持升级选择的自由，长时间维持对部队的指挥与控制，增强威慑效果。

● 确保信息系统在受到攻击的情况下仍旧能够安全运转，并实施有效的、目标明确的进攻性信息作战，使敌人没有希望在战场空间的新维发挥低成本、高威力的非对称作战手段的作用，使美军具有无预警的打击能力，产生广域、同步和具有压倒性优势的打击效果，从而增加瓦解敌战斗意志的可能性。

● 增强天基系统及其支持基础设施的能力和生存性，提供持续、安全和全球性 C^4ISR 能力，通过加强对敌意图的早期预警剥夺敌人能力，使美军能够快速交战，增强威慑效果。

● 充分利用信息技术和创新理论，发展具有互通性的联合 C^4ISR 结构与能力，其中包括可灵活调整的联合作战图，确保美军战斗指挥官具有决策优势，使美军部队能够以有效机动获取位置优势，避开战场障碍，即使面对占有数量优势的敌人，也能够成功地予以打击。

转型必须是综合性的，范围涉及从科技活动到能力开发应用，但不需要在全军部队同时展开。在转型早期，选取少量部队作为转型试点，既可保持转型的灵活性，又可保障目前对必备能力的投入，从而灵活地处理这两者之间的关系。先转型的"先驱"部队就可以在作战环境下，运用新的理论和能力，并影响其他部队的发展。转型试点部队通过实际作战和野外试验展示转型效果后，再在更多部队进行大的推广，这样关键性的转型能力就会产生巨大效能。

（3）转型实施的主要内容

● 强化联合作战。美国国防部转型战略的关键是未来联合作战理论。联合作战理论必须具体明确，使转型要求在国防项目计划中得到优先考虑和确认。为了避免联合作战理论成为新的教条，阻碍探讨具有发展前景的新作战方式，必须根据正在进行的实验结果和从实战中学到的经验教训进行修改。

联合作战行动：作战司令部司令的战争计划、作战和训练的经验教训和联合条令，是为了实现新战略目标而设计的，需要依据《应急计划指南》进行修订，它们都将通过提高联合水平和完善计划来推动转型的发展。作战司令部司令在制订战争计划时，要从正在进行的作战行动、联合训练与演习、先进的方案技术演示与实验中吸取经验教训。现行的战争计划和联合条令，是用来评估联合训练和实验结果的转型价值的权威基准。

联合方案：未来联合作战理论描述未来联合部队如何进行作战，将对所有军事行动中的每一项具体行动做出说明，目的是实现前面转型战略确定的六大作战目标。参联会主席与联合部队司令部司令协作，首先制订一个联合作战理论总框架，并指导发展四个下一级的联合作战理论，即国土安全、维护稳定行动、战略威慑和大规模作战行动。联合作战理论将随着时间的推移发展演变，吸收实验中获得的真知灼见。转型路线图确定实施联合作战理论所需要的理想的作战能力和获得这些能力的较好途径。

联合构想：要修订当前的联合构想文件，使其成为长期性联合作战的综述文件。该文件将对预想的未来作战思想以及未来作战所需的能力作总体说明。联合构想也给未来联合的和军种的理论发展与实验提供衔接框架。

国防部通过常设联合部队司令部、改进联合指挥和控制、改进联合训练转型和扩充联合部队的政策加强联合作战。联合部队司令部司令将制订一体化互通性计划，处理以下与互通性相关的重点问题：常设联合部队司令部的标准作战程序和可部署的联合指挥与控制的程序、组织和系统；联合部队的通用相关作战图；增强的情报、监视和侦察能力；根据对联合作战理论贡献大小而优先选择的传感器 – 射击器链接；提供全球信息接口的往返能力；与 C^4ISR 相联系的适应性强的任务计划、演习和联合训练。

● 充分利用情报优势。新防务战略以转型的情报能力作为基础，美军要在新的安全环境里保卫美国，必须拥有空前的情报能力，预先获知敌人企图在什么地方、什么时间、用什么手段来攻击美军。转型计划设想，未来规模更小、更具杀伤力和更敏捷的联合部队有能力在全球的战场空间纵深迅速击败任何敌人，而所有这一切都依赖于下述美军情报方面的能力：使美军能够对正在出现的危机提前预警并进行不间断的监控，能够挫败敌人的企图；为美军基于效果的作战识别关键目标，测定并监督其作战进程，提供作战效果标示；对全球战场空间纵深内所有领域进行持续不断的侦察监视，几乎不间断地提供最重要目标的情报；加强同级情报机构之间的整合能力，确保美军所有的系统能够与全球信息栅格、共享感知系统和转型后的指挥、控制与通信系统互连互通。

转型后的情报能力也必须适应新的战略需求。日益缩短的决策周期和快速反应时限，要求把情报和作战更加紧密地整合在一起。这种趋势要求国防部创立新的组织体制，使作战和情报两个功能密切关联或融合。

● 发展理论与开展作战实验。发展理论和开展作战实验是密不可分的。反复进行作战实验的目的在于评估新理论，评估结果用于完善新理论。国防部必须同时提出多种联合和军种理论，以保证观点具有竞争性。为此，作战司令部和各军种必须持续发展理论和完善作战实验计划。

联合理论发展和作战实验准则。部队转型办公室将为作战实验计划颁布相关准则。这种准则要涉及如下几个方面：科学的方法及其在美军获取竞争优势中的作用；演习与作战中的实验、设计思想和数据收集、分析与成果共享；使用虚拟的能力和威胁进行实验，探索中远期转型的可能性；进行以拥有非对称能力的攻击性威胁为背景的实验、科技上有突破可能性的实验和各种环境条件下的实验；使用的红方要有可靠的资金支持，可进行战术、战役和战略级作战；建立获取和共享所获得的经验教训的程序和数据库。

联合理论发展和实验进展评估。联合部队司令部司令每年向国防部长报告有关重点实验领域的进展和实验专用基础设施的状况。报告应该特别说明以下基础设施的情况并提出改进建议：

第一，作战模拟。兵棋推演能帮助军种和国防部各部局发展、改进和评估未来理论。联合部队司令部的报告应论及：使用带有虚拟与实兵部队以及目标红方的"人在回路中"的作战模拟；使用可利用的商业游戏技术，研制部队各级指挥官都可使用的作战模拟方法。

第二，建模和仿真。理论的发展需要新一代建模和仿真的支持。报告中的建议应突出促进转型的建模和仿真方案，要把大量不同类型的仿真连接在一起。

第三，国家联合训练能力。"国家联合训练能力"是一个真实的实验室，能够以实兵与专业性反方部队在近似实战的条件下进行对抗，对新的条令、战术和程序进行实验评估。"国家联合训练能力"的演习和实验中获得的经验教训将是新的作战理论的主要思想来源。

第四，总结作战经验。从作战任务中总结出来的经验应当进行系统的整理和分析，并将其及时融合到正在进行的实验和理论发展中去。其重点应该是那些得到持续应用的成果和那些经过时间考验应加以制度化的东西。

● 发展转型能力。美国国防部要求建立强大的机制，以便应用从理论发展和实验中得到的成果，更急迫的是，发展那些实现上述转型战略中提到的六大作战目标所需要的能力。为了实现这些作战目标和发展运用未来作战理论所需要的能力，美国国防部需要制订具有可操作性的转型路线图，促进快速的和具有创新意义的研究、发展、实验和评估方案的产生，并且对联合训练进行转型。

制订具有可操作性的转型路线图。以《转型计划指南》为指导的转型路线图，已经建立了一个对国防部的所有转型活动进行评估的基准。转型路线图将论及六个转型目标和联合作战理论所急需的能力和相关衡量标准。另外，将制订各军种的路线图计划，以发展支持联合作战理论所必须具备的能力。同样地，也将制订联合路线图计划，以发展支持联合作战理论所需要的联合能力。

转型的研究、发展、实验和评估。转型路线图是实现预想的联合作战理论的基本计划。为了便于执行路线图并激励寻求更好的方法实现预定能力，美国国防部将启动一个具有更大的灵活性和快速性的研究、发展、实验和评估计划。

第一，转型倡议计划。转型办公室将制订并管理转型倡议计划，以支持各作战司令落实转型倡议，抓住转型机遇。该计划将给作战司令部以更有力的支持，使其能够实施无法预见到但具有潜在高回报率的转型倡议计划。转型倡议计划中的项目具有时间敏感性，其本身可能会提供共同发展的机遇，要促进与应急行动、联合作战、演习或实验相关的作战理论的发展。

第二，联合快速采办计划。国防管理的转型包括缩短采办周期。联合快速采办计划能够使应用最新成熟技术的项目得到加速落实并投入战场，以满足作战人员的迫切需要。这些倡议本身有望产生这样的结果：在演习和正式的实验中，或许还包括在先进方案技术演示和军种先进技术演示中，共同发展联合作战理论和技术。

第三，试验和评估的转型。随着国防部制订作战计划和促进能力发展的方式向以联合理论为中心转型，必须有一个对必备联合能力的具体参数作具体说明的综合结构。联合试验和评估能力是在真实的环境下测试联合能力所必需的。在联合的环境中进行试验和评估，将证明综合结构是否是作战能力的成功应用。联合试验评估能力的焦点是在联合作战环境中对政策、计划、方法和资源进行评估。

第四，训练转型。美军的军事优势很大程度上得益于其实施训练的方式。这种训练使美军的作战人员能够充分发挥技术先进的作战平台的潜力，从而扩大美军同对手之间的差距。为了继续保持这种优势，美军提出了发展"国家联合训练能力"和其他新的训练能力、以训练转型促进部队转型的指导方针。

第五，联合教育转型。联合教育是创建支持转型文化的基础，是以领导人自觉参与并乐于接受变化为前提的。这需要对联合职业教育的方式进行根本性的改革。联合教育必须培养美军领导人既要具有按照联合部队固有特点指挥作战的能力，又要具有预见不确定性的思维方式。

2.2.2 美军转型的主要特点

作为此轮转型的先行者，美军起步早、力度大、投入高，形成了一些规律和特点，其经验教训已成为各国军队研究参照的重点。美军转型具有以下五个特点。

1. 明确转型方向，科学统筹规划

（1）重视方向感

转型的首要前提是明确美国面临什么样的威胁，确定打什么样的仗，建

什么样的军队。以此为转型的方向，规划军队未来的建设目标和具体措施。在论证面临什么样的威胁方面，美国定期出台《威胁评估报告》《全球安全趋势评估报告》等，以此为基础，明确打什么样的仗、建什么样的军队。

在准备打什么样的仗方面，冷战时期，美军紧紧围绕苏联这一威胁，强调准备打核大战和大规模战争，重点发展核力量和推进常规力量的现代化建设。冷战结束后，苏联威胁消失，美军转型一度失去了方向。为应对更加频繁的地区性冲突和危机，美军先后制定了"1－4－2－1"和"1－1－1"的战争指标。受挫于阿富汗战争和伊拉克战争以后，美军在战争目标上又进行了调整，根据盖茨的"混合战争"理论，提出了建设既能击败地区强国，又能执行战后重建、维稳等多种任务的多能型军队的目标。在确定建什么样的军队方面，美军定期制定《四年防务评估报告》和《四年任务使命评估报告》等指导性文件，以及各军种的建设规划。

（2）注重对转型的顶层设计、统筹规划和科学论证

美国高层领导往往是转型的决策者和设计者。美国近几任总统都曾就转型问题提出过指导性的意见和要求，从国家战略的高度规划转型。美国国防部颁发了《转型计划指南》，统筹全军转型。

在科学论证方面，美军特别重视军方以外的其他力量的参与，以使转型计划更具全面性、客观性。美军在制订转型的具体计划和方案时，往往召集退役将领和专家、地方学者、相关科学家进行充分研究论证，广纳各方意见，形成最终结果。

（3）具有明显的渐进性

美军认为，转型投入大、风险高，为求得最佳效益，最好的办法就是分散风险、循序渐进。美国《军队转型战略途径》文件提出，在保持部队整体战备水平的前提下，计划用二三十年的时间分步骤实施转型。一是"连续性的小步前进"。主要是指不间断地对武器装备进行升级改造，实现作战效能的局部提升。二是"阶段性的中步迈进"。根据武器装备现代化的发展程度，相应地改革作战方式、体制编制、部队训练等，充分发挥新型装备的威力，较

大幅度提升军队作战效能。三是"整体性的大步跃进"。在军队各领域转型不断推进的基础上，通过各作战要素的全面融合，实现作战效能的整体跃升，最终形成具有"时代差"的军事优势。

为控制转型风险，美军在转型设计上强调先研究后规划，在转型措施上强调先试点后推广。美海军在 1997 年就提出了"网络中心战"构想，经过 4 年的"舰队作战实验"演习论证后，国防部才将其定位为"美军转型战略规划的基石"。此后，针对"网络中心战"在运用过程中出现的问题，美军又对其进行评估完善。

2. 制定法律法规，创新军事理论

立法先行。美国国会在军事转型的立法上发挥了重要作用，如对美军转型产生深刻影响的《1986 年国防部改组法》，就是在国会的大力推动下制定的，被称为"美国历史上里程碑性质的立法"。同时，国防部颁发了《转型计划指南》《军队转型战略途径》等法规性的指南，以法规条令的形式严格加以规定，统筹全军转型，各军种部均据此出台了相应规章和指南，规范各自的转型。

以军事理论创新为先导，抢占军队转型的理论制高点。美国先后提出了网络中心战理论、空天一体作战理论、全频谱作战理论等军事理论，对全世界军事转型都产生了深远的影响。

3. 突破先进技术，发展新型武器

美军要求武器装备在技术上至少领先其他国家一至两代。目前，美军重点发展的先进技术，涵盖了侦察情报、远程打击、战场机动、后勤保障等各作战要素，以及陆、海、空、天、电、网等各作战领域。

4. 强化综合集成，提升整体能力

美军提出了"系统集成"理论，重点是构建融战场态势感知、指挥控制、精确打击为一体的整体作战能力。

在战场态势感知方面，不仅要让自己看得更清晰，还要让对手看不清。

美军重点发展天基、空基、陆基、海基侦察监视系统，在旅级部队增加侦察情报力量，提高战场情报获取能力。同时，大力研发和装备各型电子战飞机、隐形战机与舰艇，以削弱对手的战场态势感知能力。

在指挥控制方面，不仅要让自己连得更紧，还要让对手连不上。美军大力发展互联互通的全球信息网格，使指挥机构、作战部队、武器平台紧密相连的同时，不断发展太空作战和网络空间作战手段，提升破坏对手指挥通信网的能力。

在精确打击方面，不仅要让自己打得更准更快，还要让对手打不着。美军在武器装备的精确制导、提高目标打击能力方面发展很快。海湾战争中精确制导弹药的使用率为 8%、科索沃战争为 35%、阿富汗战争为 60%、伊拉克战争已达 68%。美军目前重点发展"察打一体"的无人机，实现"发现即摧毁"。在阿富汗战场上毙命的塔利班头目，几乎全是被美军无人机干掉的。同时，美军也十分重视提升"防"的能力。美军年均投入数百亿美元发展反导系统，构建陆、海、空、天一体化的反导体系。

5. 改革体制编制，通过实战检验

以战斗力提升为目的，改革体制编制。美军重点围绕提高联合作战和快速反应能力，不断调整作战指挥体制和部队结构。在完善指挥体制方面，美军于 2002 年将战略司令部和航天司令部合并，组成新的战略司令部，统一指挥战略打击和航天作战；2002 年和 2007 年先后组建了北方司令部和非洲司令部，负责指挥在北美和非洲的军事行动。在调整部队结构方面，美陆军将旅作为基本战术单位，进行模块化改编。同时，把军和师由以往的作战单位改组为战役指挥司令部和战术指挥司令部，可根据实际需求配属相应作战部队，增加了编组的灵活性。

以实战要求为标准，推进训练转型。军事训练是美军转型的一项重要内容。美军强调："最好的技术放在不熟练的士兵手中也没有多大作用。"越战中的高伤亡率，迫使美军实施更为科学严格的训练。美军大力推动训练的"三化"，即基地化、网络化、模拟化。基地化就是各军种利用训练基地，创

造实战背景，有针对性地磨炼和摔打部队，使其能够适应作战需要。

网络化就是依托网络化的信息系统，充分贯彻分散配置、集中指挥的原则，把诸军兵种部队联通起来，实施信息化条件下的分布式联合训练。美军"千年挑战"联合军事演习，就是利用网络系统将全美 17 个基地的 1 万余人连接起来进行同步异地训练。

模拟化就是以作战任务、作战原则为基础，利用计算机和其他专门设施逼真地模拟现实战场环境，以此进行战场适应性训练。据称，美军目前各类演习中 80% 的科目通过计算机模拟进行，20% 由实兵完成。伊拉克战争前，美军在训练中模拟了伊拉克作战环境，仿造了伊村庄，所有路标均用阿拉伯语书写，组织人员假扮反美武装分子，让官兵仿佛身临其境。战后美军官兵普遍反映，"实战要比他们进行的模拟训练还容易"。

美军通过实践特别是实战对转型进行检验和修正，调整并完善。越南战争结束以来，美军遂行了规模或大或小的作战行动 100 多次，频繁地检验和推进转型。即使是一些规模很小的行动，也是"杀鸡用牛刀"，以此检验新装备、新理论、新战法。如 1989 年入侵巴拿马这样的小国，美军也出动了 2.7 万人的兵力，首次动用了"阿帕奇"武装直升机、F - 117A 型隐形战斗机等新型装备，实施了二战结束以来最大规模的夜间空降作战。美军还非常重视通过演习和实战对转型进行修正。如伊拉克战争后，第 1 陆战师和第 3 机步师分别发表了数十万字的总结报告，就战时的人事、情报、作战、后勤和通信等方面的经验教训进行了深入剖析，并提出改革建议。

美军转型有得有失，总的来讲，可以用三个"基本适应"来概括，即：基本适应了国家战略的需要，基本适应了军事技术的发展进程，基本适应了作战任务的需要。

• 知识延伸

–"落锤"行动：美军在阿富汗山地的反恐战争 –

2011 年 6 月，美军在阿富汗库纳尔省瓦塔普尔山谷发起"落锤"行动。

在这次作战中，交战双方特点鲜明：反美武装避实击虚、以弱击强，美军体系作战、联合制胜，从不同侧面诠释了现代山地作战制胜机理。

瓦塔普尔山谷地形复杂，隐蔽性好，反美武装在此日益壮大。为彻底铲除"滋生叛乱的温床"，美军于 2011 年 6 月发起代号为"落锤"的大规模清剿行动。

行动经过

2011 年 6 月 25 日，美陆军第 25 步兵师第 3 旅战斗队 35 步兵团 2 营奉命组建"凯克提"特遣队执行此次任务。特遣队编组为 4 个连级战斗分队。特遣队还得到旅属"目标分队"和侦察排的支援，另有 3 个步兵连作为预备队。美军乘直升机在目标地域东侧山脊线选择有利地形实施机降，建立着陆场并构建支撑点。第 35 步兵团 2 营 B 连担任主攻，在山脊机降着陆后徒步下山对目标地域展开清剿。其他分队选择有利地形构建支撑点，依托居高临下的有利地势为 B 连提供火力支援和掩护，同时切断反美武装进入山谷的通道。B 连在下山清剿的机动途中两次遇袭，美军组织反击，并请求美军直升机提供空中火力支援。战斗非常激烈，美军直升机冒着误伤己方的风险拼命支援，勉强守住了阵地。

6 月 26 日，B 连在目标地域附近建立支撑点，抗敌袭扰。27 日，美军各处支撑点不断遭到袭击。反美武装巧妙利用地形隐蔽伪装、秘密机动，多次逼近至距美军阵地不到 30 米处，与之激烈交火。持续激战使美军的饮水、食品和弹药迅速消耗殆尽，复杂的地形和恶劣的天气又导致补给困难。战斗中，补给极度匮乏几乎导致美军行动失败。但由于反美武装无法持续展开大举进攻，美军最终巩固了支撑点。

6 月 28 日至 29 日，美阿联军经过激战终于到达目标地域并展开清剿。然而，等美军到达时，反美武装主力已经撤离并带走了各种有价值的资料，美军缴获甚少。美军完成对目标地域的清剿后准备乘直升机撤离。然而，复杂地形和恶劣天气相叠加，导致直升机无法在预定地点着陆，第一次撤离行动失败。美军不得不在阴冷潮湿的山上继续坚守。30 日天气转好，地面部队成功清除了阻碍直升机着陆的障碍物，美军得以乘机分批撤离。其间，反美武装以小群多路"蜂群攻击"的形式多次袭击美军，迟滞了美军撤离进程。美军在各型战机掩护下于7月1日午夜完成撤离。

行动启示

"落锤"行动交战双方特点鲜明：反美武装避实击虚、战术灵活，达到了持久耗敌、歼敌有生力量的作战目标；美军空地协同、体系对抗，做到了攻城略地，被动中减少了损失，从不同侧面诠释了现代山地战制胜机理。

反美武装在装备落后、力量对比悬殊的情况下，集中兵力火力，避实击虚，利用地形和天气特点伏击美军，令美军措不及防、伤亡严重。当美军恢复过来组织反击时，反美武装利用密林和雾气掩护迅速撤出战斗。同时，反美武装灵活机动，及时出击，给美军造成有效杀伤，并利用美军震惊慌乱之机精确狙杀美军军官，令对手损失较大。反美武装还抓住美军撤离伤员和运送补给的薄弱环节发起猛攻，致使美军救援多次受阻，两名伤员因救治不及时而死亡，作战、生活物资更极度匮乏，行动一度濒临失败。

美军的高效联合作战成为制胜之钥。美军在困境中能尽量减少伤亡，比较体面地完成形式上的清剿，绝非偶然。"凯克提"特遣队兵力输送、火力打击、战场救援和战后撤离等各环节均通过空中机动和立体突击方式实现，非对称优势明显，压倒性的陆空联合火力多次在激战中帮美军扭转劣势，堪称美军制胜之钥。美军在情报上的优势也为行动目标的完成提供了保障。美军在战前与战斗过程中做了充分的情报工作，如美军借助低空声音截听设备多次监听到敌人的重要通话内容，获悉敌人动向，进而成功挫败敌大规模偷袭的企图，还从中获悉敌人伤亡情况，为作战效果评估提供了可靠依据。

然而，美军虽然多次在军事行动中击败反美武装，却始终无法彻底消灭其势力。反美武装灵活机动，善于袭扰，令美军筋疲力尽，进退失据，最终迫使美军撤离阿富汗战场。

2.3 俄军改革的主要情况与特点

俄军没有"军队转型"的概念，而是用"军队改革"这一概念。俄军改革原本起步较早。早在 20 世纪 70 年代，苏军总参谋长奥加尔科夫元帅就首先提出了"新军事革命"的概念。但是，由于体制僵化和国力衰退等原因，苏军改革未能深入发展，反被美军捷足先登，抢得先机。

苏联解体、俄罗斯独立以后，随着国家政治体制转轨和安全形势的变化，俄军一直处于不断改革之中。这一历程可大致分为三个阶段：1992—2000 年的军事改革，重点是压缩军队规模；2000—2008 年的军事改革，重点是调整领导体制；2008 年 10 月开始的"新面貌"军事改革，重点是优化部队编制。下面重点介绍俄军的"新面貌"军事改革。

2.3.1 俄军改革的主要情况

俄军改革主要体现在"新面貌"改革中，俄军"新面貌"改革的目标是"精干、高效、机动"，重点是作战部队的体制编制改革，如图 2-2 所示，主要内容可以概括为"六化"。

1. 军队规模小型化

"新面貌"改革前，俄军员额已经从建军初期的 282 万裁减到 113 万。"新面貌"改革中，俄军裁员幅度并不大，但官兵结构得到明显优化。改革前俄军 113 万人的军队中，竟有 35.5 万名军官，也就是说 1 名军官带 2 名士兵。因此，此轮俄军改革就以裁减军官为主，裁减军官约 20 万。改革后，俄军 100 万员额中，军官为 15 万、军士为 35 万、士兵为 50 万。军官比例从 31.4% 下降到 15%，进入世界通行的 7%~20% 区间。其中将军数量从 1 107 名减到 866 名，形成一个比例适当的金字塔结构。总部、军兵种和军区机关的军官数量由 22 万人裁减到 8 500 人。7 500 名"大学生军官"（由地方大学培养，服役期

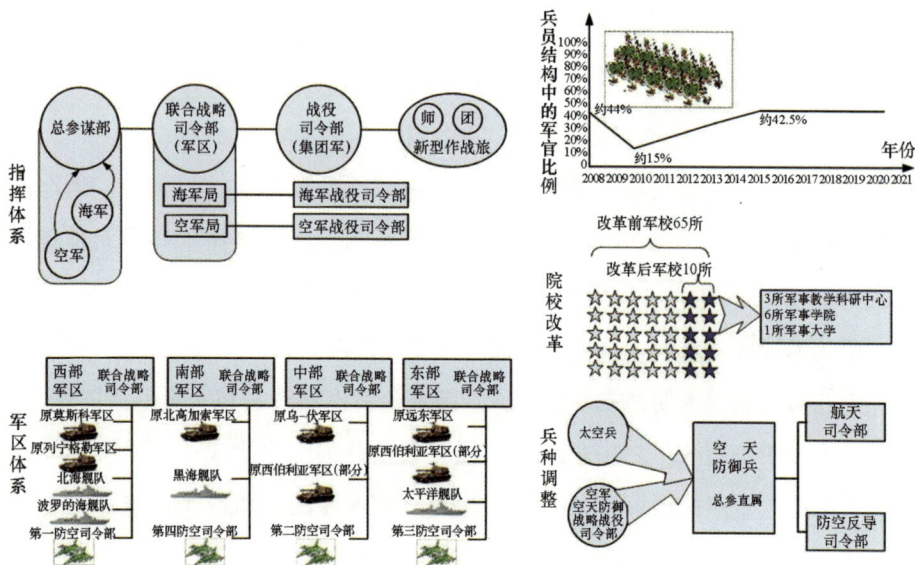

图2-2 俄军"新面貌"改革示意图

为两年）全部退役，并不再征召。

2. 指挥体制扁平化

俄军以陆军为主体、以守疆卫土为根本的军事行政区划方式已经延续上百年，大陆军体制导致三军分立，很难适应高强度现代联合作战的需求。在这种体制下，军区只管得了陆军，管不了海军、空军。纵观俄军在近几场局部武装冲突和大型演习中，对于组建的联合兵力集团，军区、海军、空军都指挥不了，总是由总参谋部出面组建临时司令部或临时性机构来领导联合行动，而指挥官也往往需要总部级领导坐镇居中协调，这些临时搭的班子往往具有随机性，准备常常不充分，结果无法令人满意。

面对这种情况，此轮军事改革，俄军依托原先六大军区，按东、西、中、南四个战略方向合并组建了四大新军区。新军区的建立，使俄军真正实现了类似美军的军政军令系统分离，俄三军联训联战真正从组织上得以实现。四大新军区作为联合战略司令部统一指挥辖区内陆、海、空三军部队。改组完成后，以军区司令部为基础组建战役-战略司令部，"战区范围内的一切力量和资源由军区司令统一指挥"。同时，战区指挥体制由"军区—集团军—师—团"四级调整为三级，第一级为战役战略司令部，第二级为陆军的战役司令部和空军的空防司令部，第三级为陆军的旅和空军的航空兵基地。作战指挥关系上，军区获得了总参的战区联合作战指挥权，各军种司令部被剥离作战指挥链，专司本军种发展、更新装备、轮训人员，而部队作战指挥权则完全交付军区。

3. 部队编制模块化

在编制上，俄军改革也同样毫不手软。最直接的就是"师 - 团"制改"旅 - 营"制。俄军在 8 个集团军司令部基础上组建 7 个战役司令部，在 24 个师和 12 个旅的基础上组建 85 个新型旅。基本战术兵团由师改为旅。战役司令部为作战指挥机构，平时无固定编制，战时可根据实际需要指挥 2 ~ 7 个旅。新型旅人装满编，全员全训，以具备一定自持力的合成营为基本战术单位，能不经任何动员、补充和训练直接遂行既定作战任务，这适应了现代战争快速机动、多兵种联动的要求。

为进一步优化陆军常备力量，俄军将现有坦克旅、摩步旅、空降旅和山地旅打造成重型、中型和轻型三种"模块化"新型旅。针对未来可能的北极和高寒山地作战需求，还组建了配备专门通用装备器材的极地摩步旅和高寒山地旅。配合"师改旅"，俄军还把1 850处营区改组为潜在最紧迫战略方向上的 48 个军事基地。

4. 作战部队常备化

长期以来，俄军都在准备打二战那样的大规模战争，因此绝大多数师都是基干师，这些师只保留师的架子（人员在编率为战时的 10% ~ 15%，主要用于应对大规模战争），装备差、人员少、训练水平低，立足于战时再动员扩充，这显然与现代战争的快节奏南辕北辙。因此，俄军要"新面貌"必然要推动"师改旅"，撤销架子部队。这一改革背后所反映出的战略判断是：军队是准备打世界大战，还是时刻战备以应付局部战争和武装冲突。

改革后俄军取消了简编部队，将陆军所有作战旅全部转为常备部队。常备部队人员在编率由过去的 80% 提高至 100%，做好战斗准备的时间由过去的 24 小时缩短至 1 小时。

5. 后勤保障一体化

俄军按照区域原则，将 277 个后勤基地和仓库整合为 34 个综合性物资技术保障基地，由保障基地统一负责辖区内各军兵种部队的通用后勤保障。

6. 院校体系集约化

为减少行政人员、节约教学资源，俄军将之前的 65 所军事院校重组为 10 所综合性军事院校，包括 3 所军事教学科研中心、6 所军事学院和 1 所军事大学，原来的大多数院校以分校的形式并入新组建的综合性院校。

2012 年，俄罗斯宣布"新面貌"改革主要目标基本实现，俄军基本上完成了向现代军队组织模式的改革。绍伊古就任国防部长后，深入推进武装力量"新面貌"后续阶段的改革，并对"新面貌"前期改革中一些不符合国情军情的"激进"改革举措进行了调整和"纠偏"，同时还在一些领域展开持续创新，从而使俄罗斯军事改革得以深化发展。其主要举措包括：恢复部分陆军、空军师团编制，组建新军种空天军，恢复突击战备检查制度，组建国家防务指挥中心，组建国防部军事政治总局，打造新型作战力量，创新人才培养使用机制，加速推进武器装备现代化进程等。与此同时，俄罗斯还根据战争经验和军情实际，提出了以"混合战争"理论为代表的新型战争理论等，用以指导俄军未来建设和作战。2014 年以来，俄军夺取克里米亚，介入乌东冲突，2015 年出兵远征叙利亚，在北极地区积极展开军事动作，2022 年展开对乌克兰的特别军事行动，爆发俄乌冲突。这一系列的军事行动不断检验俄罗斯的军事改革成效，使俄罗斯持续调整和深化军事改革。

2.3.2 俄军改革的主要特点

俄军改革主要有三个特点。

1. 任务需求牵引，战略高度谋划

（1）以任务需求的变化牵引军队改革

俄军在确定改革的目标和方向时，首先遵循军事政治原则，即有什么样的威胁、打什么样的仗、建什么样的军队，然后才是军事经济原则和军事技术原则。俄军判断，俄拥有强大、可靠的核武库，美国和北约不敢对其轻易动武，因此，俄常规力量的主要任务不再是抵御美国和北约的大规模入侵，而是与格鲁吉亚等周边敌对国家和恐怖分子进行中低强度的局部战争和武装冲突。

基于上述判断，俄军首先大力发展战略核力量，进一步增强战略遏制能力，以每年十余枚的速度列装"白杨－M"导弹，同时降低核门槛，宣称以核武器应对常规战争；另外，对常规力量进行大刀阔斧的改革，使其小型化、轻型化、机动化，能够对周边发生的局部战争和武装冲突做出快速反应和干预。

（2）从国家复兴的战略高度谋划军队改革

俄军改革与其国运兴衰密切相关，俄历届领导人均将军事建设和军队改革作为维系大国地位、实现国家复兴的重要支柱。俄领导人普京 2003 年曾提出三大执政目标，其中之一就是"重整军备"。在此次俄军改革中，普京从国家战略全局的高度亲自确定军队改革的方向并主导军队改革的进程。他多次严令各级政府部门为军事改革开绿灯，帮助军队解决经费、住房和人员安置等问题。

2. 变中求进的方式推动改革，突出以人为本

俄军改革一直处于不断的变化和调整之中。如军区由最初的 13 个调整为 8 个，调整为 5 个（含独立的北方舰队）；军兵种由最初的五大军种调整为四大军种，并最终调整为三军种和三兵种。俄军改革也是一个不断探索的过程，通常先大破大立，然后根据实际情况加以调整和完善。俄军早在 1993 年就开始"师改旅"，但由于旅在车臣战争中暴露出火力和持续作战能力不足的问

题，此项改革一度叫停。不过，当时组建的旅并没有解散，而是保留了下来，"师旅混合"编制沿用了较长时间。俄格冲突中，基干师普遍存在战备程度差、过于笨重，根本无法作为战术单位使用的问题。还是靠俄第 58 集团军司令率领刚结束反恐演习的两个营级战术群在 2008 年 8 月 8 日冲突爆发当日驰援茨欣瓦利，才算稳定战局。等到 8 月 10 日总算动员集结起 6 个团战术集群近万人时，战局早已分出胜负。基于俄格冲突的经验，俄军认为应对局部战争的最佳编制还是旅，于是重新做出了全面"师改旅"的决定。

在改革中突出"以人为本"的思想。俄军在改革中把提高军人地位、待遇，提升军队吸引力放在了比装备建设更重要的位置。俄时任总统梅德韦杰夫表示：军事改革的首要任务是提高军队吸引力，使军官成为高收入和受人尊敬的职业。

3. 借鉴外军经验的同时更加注重保持本国传统和特色

俄军在改革中吸纳了美国等西方国家军队改革的一些经验，如实行职业化、组建模块化作战旅、建立区域化联勤保障体制等。但俄军始终坚持立足自身国情和军情，没有盲目照搬照抄。

在战略指导上，俄军继续保持一贯的进攻性，不仅放弃不首先使用核武器的承诺，采取战略轰炸机巡航、航母编队远航、红场阅兵等示威示警性行动，而且出兵打击格鲁吉亚，占领克里米亚和乌东部分地区。

在作战思想上，俄军依然重视陆军的作用，强调"战争一开始就把非接触作战变为敌人最不擅长的接触作战"。

在体制编制上，继续保留了"大军区"，并且依托军区搞联合，赋予军区司令"指挥战区范围内一切资源和力量"的权力。

在信息化建设上，继续奉行自主性、实用性和安全性原则，其计算机软硬件和打印机等配件均是自己研发和生产的，虽然性能差了一些，但安全可靠。

俄罗斯素有军事立国和军事改革的传统。据统计，在俄罗斯历史上曾经出现过八次有重大影响的军事改革。受俄罗斯民族独特的文化传统的影响，俄军改革呈现出以下三个鲜明的民族特色：

● 被动性。战争过后搞改革是俄军的传统。俄罗斯历史上的军事改革大多是战败之后的被迫之举。俄军在车臣战争中损失惨重，直接促成了当时的军事改革。俄军在俄格冲突中暴露出许多严重问题，是其"新面貌"军事改革的"催化剂"和"助推器"。

● 激进性。俄军改革大都伴随结构、规模和体制上的重大调整，改革的幅度和力度非常大。激进改革的好处是能够一步到位，立竿见影；缺点是计划不周密，论证欠充分，往往会导致失误和反复。

● 强制性。俄军改革大多自上而下，靠强制命令推动，方式简单粗暴。恩格斯曾经评论彼得大帝的改革："彼得大帝用他自己的野蛮征服了俄国的野蛮。"俄前国防部长谢尔久科夫在谈及如何推动"新面貌"军事改革时表示："我要用最简单的方法解决最复杂的问题。"

上述民族特色对俄军改革产生双重影响：一方面使俄军改革见效快，通常在短时间内就会发生较大变化；另一方面使俄军改革充满了不确定性。

· 知识延伸

– 俄军营级战斗群 –

在关于俄乌冲突的报道中，会经常提到俄军的营级战斗群，这与俄军"新面貌"改革有关。俄军"新面貌"改革的重要方面之一就是撤销了陆军的"师－团"编制，改为合成旅。其目的是将多种兵器混合编制在较小的部队架构内，形成由多兵种组成的合成化部队，进一步提高部队的反应速度。俄军在合成旅的基础上建立了营级战斗群（BTG）。

1个典型的俄军营级战斗群通常以1个编制31辆步兵作战车的摩（机）步营为核心，在战时会得到1个18门制的自行火炮营、1个6车制的火箭炮连、1个10车制的坦克连，外加侦察、防空、电子、后勤、通信若干单位的加强。事实上，作为核心的摩（机）步营并不担负主要作战任务，而主要作战力量则是需经上级加强的兵种单位，各支援兵种单位平时多数依旧配属在旅建制内，作战时才会加强给营级作战单位，实质上就是以全旅的作战力量保障一个营，形成作战拳头。俄军目前组建了 100 多个营级战斗群，而且其中相当的一部分经历了战火的历练，为营级战斗群战术的沉淀成型提供了最理想的验证环境。

在俄乌冲突中，俄军营级战斗群战术表现出一些鲜明的特点：

首先是集中式指挥的原则。营级战斗群的作战行动从物理上和地理上都会围绕群指挥官展开，为此他需要获得信息、制定行动，并且亲自指挥部队实施行动，通常他仍然使用物理地图（而不是电子地图）。集中式指挥有助于减少营级战斗群指挥部的电子信号和交通员的工作量，但是这也意味着如果面对空中侦察，容易暴露。没有报告显示俄军营级战斗群有专门的通信部队，不过其指挥控制架构仍能够非常高效地传达命令，但是如果遭到突袭、反击和其他突然情况，仍然较易受攻击，因为其通信指挥系统仍然依赖模拟式电子系统，要迅速理解环境的变化并作出反应需要较长的时间。

其次是高端作战资源集中使用。在乌克兰东部地区的战场上，俄军营级战斗群大量使用了无人机、电子监听以及与当地游击队合作的人力情报单（HUMINT），但是这些平台的能力仍然有限，所以营级战斗群需要将其集中使用，以提高战场情报穿透率来为作战提供情报保障。由于缺乏信息化沟通手段，为了协调这些资源，营级战斗群指挥部一般会把情报、侦察单位和机动部队集结在一起，以便让高端的侦察手段能够尽可能地发挥作用，提高为机动作战部队提供支援的能力。这两种单位靠近部署，就成了高价值的打击目标。

最后，善用大炮兵火力也是俄军营级战斗群战术的显著特点。营级战斗群拥有旅级的炮兵火力，其射程和数量都超过了美军的旅战斗队。营级战斗群的火力和防空系统上的优势意味着他们拥有远程打击能力的优势，一旦通过目视观察或电子侦察发现目标，他们会迅速发起攻击。尽管营级战斗群拥有旅级的炮兵火力，但是营级战斗群通常只有营级单位的机动目标监视能力。这是一个重要的弱点，因为营级战斗群没有足够的炮兵前沿观察员。

俄军营级战斗群在使用较少经费的情况下，有效提升了俄军的战斗力。相对于两次车臣战争时俄军的糟糕表现，俄军在 2014 年的顿巴斯之战以及在叙利亚的作战中表现出色。营级战斗群发挥出的作战能力大幅提升。在俄乌冲突中，俄军营级战斗群的灵活作战模式也发挥了积极作用。俄军将空中监视、电磁探测和传统的观察员等情报资源整合起来，能有效掌握战场态势，运用远程火力摧毁乌军重要目标。但俄军营级战斗群在俄乌冲突中也暴露出了很多问题。营级战斗群在乌克兰战场上的推进不力，使得俄军不得不多次调整战略部署，战场局面并未得到改善。在作战中俄军的营级战斗群暴露出了步兵人数严重不足、战场感知能力差、信息化程度低、重火力无法集中使用、训练水平较差、作战意志不强等问题。俄军在俄乌冲突中的表现低于预期，其原因有很多，比如北约向乌克兰提供战场情报，使俄罗斯面临更为严峻的局势，但这也会促进俄军吸取教训，对营级战斗群进行调整和完善。

2.4 印军转型的主要情况与特点

印度独立以来，始终高度重视国防和军队建设。1962 年，印度在中印边境冲突中惨败后，认真总结教训，积极推进军队转型，不断加大军事投入，引进先进武器装备，先后打赢了第二、第三次印巴战争，并全面确定了对巴基斯坦的军事优势。进入 21 世纪以来，在世界新军事变革浪潮冲击下，印军又开启了新一轮转型。

2.4.1 印军转型的主要情况

1. 加强战略规划和统筹，打破"三军分立"格局，建立联合领导机构

2018 年 4 月，印度宣布成立国防规划委员会。该委员会主要负责起草国家安全战略和规划，制定参与国际防务合作的路线图，明确武装部队能力建设优先发展方向，完善现有国防体系，一定程度上解决了印军发展"漫无目的"的情况。2019年5月以来，印度正式成立隶属国防部联合国防参谋部的国防空间局、国防网络局、特种作战局，旨在统筹推进各军种相关力量建设。其中，国防网络局和国防空间局负责提升印军应对网络和空间威胁的能力，特种作战局负责统一指挥和控制印三军和其他部队所属特种作战力量。

2. 制定装备研发计划，大力推动国防生产的本土化发展

印度虽然是世界上进口武器装备最多的国家之一，但也致力于推动国防生产本土化。在1990年初，印度国防部就成立了相关委员会，提交了未来十年本土化发展规划方案。该方案计划将国防采购总支出的本土化占比从1992—1993年的30%提升到70%，但受限于各种条件，最终未达成目标。2017年，莫迪政府推行军事改革以来，继续推行"印度制造"战略，竭力推动印度武器装备的本土化生产。印度国防部预计到2025年，印度国家武器生产和出口总额将分别达到17万亿卢比和3.5万亿卢比。虽然印度在制造外国原始设备上成绩斐然，但仍缺乏本土化设计和平台开发的能力，加上印度当前在高新技术领域的军事本土化发展依旧落后，要全面实现国防和军事本土化、达到装备生产自给自足的目标仍然任重道远。

3. 进行军事改革，强化军队的联合作战能力

印度推进军事改革，强化军队的联合作战能力。印度建立陆军"一体化战斗群"。该战斗群规模介于印军现有的师级与旅级单位之间，由5~6个营级战斗单位组成，包括装甲兵、机械化步兵、炮兵和防空兵，以及后勤通信等支援保障力量，旨在提升印度陆军一体化作战能力。设立联合战区司令部。2020年，印度推行战区制改革。印军计划建立五大联合战区司令部，分别为中印边境地区的北部战区司令部、负责印巴陆上边境地区的西部战区司令部、负责印度半岛本土的半岛司令部、负责印度领土防空并遂行空中打击任务的防空战区司令部、负责印度海洋作战的海上战区司令部。联合战区制改革将有助于提升印度军队的联合作战能力。

2.4.2 印军转型的主要特点和问题

印军转型主要有以下特点：

1. 紧紧围绕谋求大国地位和地区霸权的战略目标，军队转型具有很强的方向性和紧迫性

印度历届政府始终将谋求世界大国地位和地区霸权作为国家战略的总目标，并将建设强大的国防力量视为实现这一目标的重要依托。同时，印度视中国和巴基斯坦为两大战略对手，认为国家安全形势较为严峻，始终具有一种危机感和紧迫性。为此，印军不断加强核威慑与常规威慑能力，以吓阻对手发动全面或局部战争；确保拥有同时对中、巴实施两线作战的能力；促进海军发展，加大在海上方向遏阻和威慑他国的力度。为实现该目标，印度政府高度重视增加国防投入，军费连续多年保持较高的增幅。2021 年，印度军费开支为 766 亿美元，居世界第三。

2. 将研发和引进高技术装备作为军队转型的重点，始终兼顾自主性和多样性

印军认为，在资源有限的情况下，军队转型必须突出重点，优先发展"撒手锏"装备。1999—2007 年，印军高技术装备研发和采购经费由 34 亿美元增至 160 亿美元，占军费的比例由 25% 增至 37%。印度重视核导装备的自主研发，研制出"烈火"系列中远程导弹、"布拉莫斯"超音速巡航导弹。一方面，2019 年，印度与美国签署 26 亿美元的武器协议，购买了 24 架 MH－60R"海鹰"直升机，于 2021 年正式交付。同时，印度还向俄罗斯购置了 5 套 S－400"凯旋"导弹防御系统，并开始学习新系统的操作和维护。另一方面，印度自身研发了"北极星"轻型战斗直升机、P－15B 驱逐舰"维沙卡帕特南"号和"觅敌者"号弹道导弹核潜艇，着力缓解对外军事依赖。

3. 将理论创新和体制编制改革作为军队转型的重要方面，具有较强的针对性和现实性

作战理论创新方面，基于对国家安全威胁的评估和军队转型的需求，印度陆、海、空三军相继出台新的作战理论。为形成对巴的快速打击能力，陆军提出了以积极进攻、主动出击为主导思想的"冷启动"作战理论，向快速打击军种转型；为实现控制印度洋的战略目标，海军提出以航母为核心的远洋作战理论，向"蓝水海军"转型；为形成对华军事威慑，空军提出以增强远程作战能力为核心的"新空军"理论，向"战略空军"转型。

指挥体制改革方面，印军在继续保持三军分立格局的前提下，于 2001 年组建了安达曼·尼科巴三军联合司令部。近年来，印军还计划成立若干个战区司令部，以提高联合作战能力。

部队编制调整方面，在中印边境东段新建 2 个配备轻型榴弹炮和直升机的新型山地师，以提高对华作战快反能力；将部署在印巴边境地区的普通步兵师改编为"平原步兵改建师"，大幅提高所属部队火力、侦察和机动作战能力。

印军在转型中也存在诸多问题，主要有以下几方面：

1. 军队建设总体水平仍较滞后

印度军队规模大和国防投入相对不足之间的矛盾始终是影响其转型水平的重要因素。2022 年，印度军队的现役总兵力约 145 万人，规模位居全球第三。由于装备建设摊子铺得过大，装备发展受制于人，印军虽斥巨资引进和研发了一小部分"撒手锏"装备，却仍未能改变武器装备总体落后的状况。

2. 三军分立的现状始终没有大的改观

印度实行三军分立体制，军种观念强烈，没有统管三军的统帅机构，未建立全军统一的指挥通信网络。尽管印军早在 1999 年卡吉尔冲突后就已认识到设立国防参谋部的必要性，但因三军的强烈反对迟迟无法落实。2001 年，在各军种妥协下成立的过渡性机构——联合国防参谋部，也只是一个咨询机构，一直未发挥任何作用。三军各行其是、各自为政，导致印军转型缺乏统筹安排和顶层设计，无法自上而下形成科学规范并具有权威性的转型方案，在装备发展上分头采购、分头引进，各系统间难以实现相互兼容和无缝链接。

3. 尚未形成具有自身特色的军队转型体系

印军在转型过程中更多的是模仿外军转型的理论和主要做法，缺乏自主创新精神。印度现行军队编制体制仍带有明显的英印殖民时期色彩，70%的主战装备来自俄罗斯，"网络中心战"等新提出的作战理论大多模仿美军，形成了一种"大杂烩"的局面。总的来看，印军转型步伐虽不断加快，但受现实因素制约，将是一个长期复杂的过程。

2.5　日本、英国、法国、德国军队转型的主要情况

日本、英国、法国和德国都是美国的盟国，他们充分利用这一"特殊"身份，既积极借鉴美军转型的有益经验，又注意吸取美军的错误教训。他们的情况和做法值得关注。

2.5.1　不追求大而全的转型道路

日本、英国、法国和德国都认为，冷战结束后，不再面临直接重大的安全威胁，未来可以依靠集体防御体系来维护自身的安全，不需要单独应对大规模的武装冲突。日本可以通过日美同盟关系，在美国的庇护下保障自身的安全；英、法、德都是北约成员国，在安全上主要依靠北约。有了军事结盟体系作保障，这些国家的军队转型都不强调面面俱到，无意追求大而全的国防体系，而是立足于在多国框架下遂行"多国联合军事行动"，重点发展与盟军通用的作战系统。

2.5.2　转型目标具有很强的针对性

日军将"在海外执行任务"作为基本职能之一，英、法、德军则都将此作为其主要职能。他们紧紧围绕这一主要任务来设定转型目标，提出要建立一支"轻型化、机动灵活、快速反应"的军队。

在指挥体制上，英、法、德都建立了一个专门负责海外作战的司令部。德军在联邦国防军总监（相当于总参谋长）的领导下有两个总参谋部，一个是武装力量指挥参谋部，一个是作战指挥参谋部。作战指挥参谋部是一个编制只有几百人的小型联合指挥机构，专门负责指挥海外作战行动。这种做法既提高了部队执行海外作战任务时的指挥效率，又保障了部队能够很好地执行主要任务。

在编制体制上，推进军队由"数量规模型"向"质量效能型"转型。一方面，大幅裁减军队员额。另一方面，精简作战部队建制。日军减少师、旅编制数量；英军撤销了军级建制，现虽仍保留师级建制，但主要作战单位已降至旅级；法陆军撤销了军、师两级建制，编成若干个作战旅；德军取消军级建制，师级建制的数量也大幅减少，并完成了全军跨军种混合编组，将部队按照任务强度和实战需要混编为三大类部队，即干预部队、稳定部队和支援部队。这些做法适应了军队执行海外作战任务的需要，节省了军费，减少了员额，形成了精干高效的部队，提高了执行主要任务的能力。

2.5.3 采取小步快走的渐进式转型模式

日本、英国、法国、德国在军队转型进程中都没有采取"大破大立"的改革模式，而是采取了边发展、边调整的渐进式发展模式。

日军自 2001 年以来制定和修订《中期防卫力量发展计划》《防卫计划大纲》等文件，逐步推进各项改革计划，使日军成为一支"多能、弹性、有效"的军事力量。但近年来，日本出台《国家安全保障战略》《国家防卫战略》《防卫力量整备计划》等文件，大幅增加军费开支，推行进攻性战略，也引起周边国家的警惕和严重关切。

冷战结束后，英军对现有武装力量规模进行多次缩减，仿照美军"网络中心战"理论，提出"网络赋能能力"概念，发展新型作战能力，组建国防网络作战大队，扩编特种作战部队，增强军队的核心军事力量。

法军从 1997 年起每隔 6 年发表一份《军事纲领法》，对前一阶段军队改革进展情况进行总结，并对下一步军队改革和转型目标做出详细规划。

德军注重在实践中检验转型成果，并根据检验情况及时进行调整。前面提到的德军作战指挥参谋部，就是德军在参与海外作战行动的过程中，发现原有作战指挥体制难以有效解决各军种部队协调不力和指挥不畅等问题后，于 2008 年新成立的。

综合来看，这几个国家的军队规模不大，"船小好掉头"，与美、俄等大国相比，不断调整转型目标比较容易和简单。

第 3 章

军队信息化建设内容体系

军队信息化建设，是在军队各个领域广泛运用信息技术，通过提高信息能力来提高军队的战斗力和执行各种军事任务的能力，推进传统军队向信息化军队转型发展的事业。

3.1 军队信息化建设的内容体系

构建军队信息化建设内容体系，应依据军队信息化发展的总体需求，在充分考虑信息化建设的主要矛盾、现实条件和环境背景的基础上，确定信息化建设的总体框架和结构层次。军队信息化建设内容体系，应该是一个相对稳定且随时代发展动态变化的结构系统，既要瞄准突出的短板和弱项，增强针对性和有效性，又要遵循稳定性与灵活性相结合的原则，为那些受信息技术影响大、变化快、地位作用突出的建设领域预留发展空间。

军队信息化建设的内容体系可简称为"两类系统、一个环境"，即军事信息系统、信息化主战武器装备系统和信息化支撑环境三大领域，如图 3-1 所示。

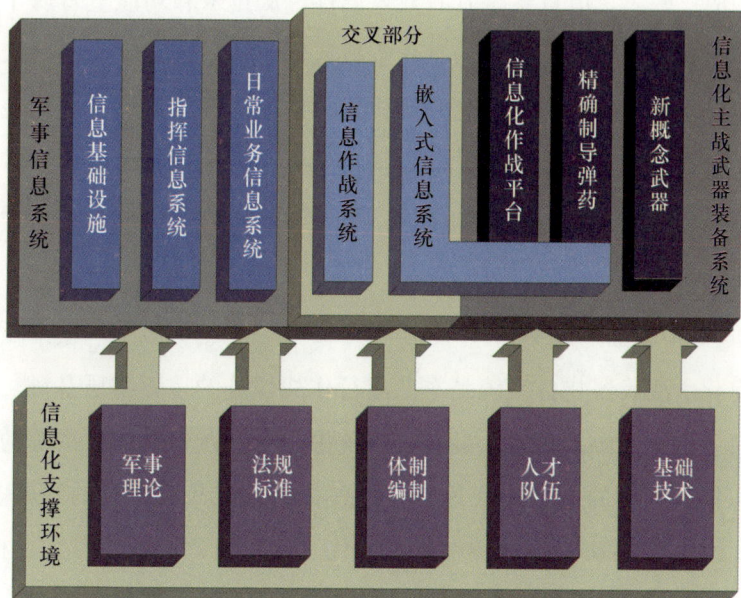

图 3 - 1　"两类系统、一个环境"的信息化建设内容体系

1. 军事信息系统

信息技术在军事上的应用，首先是通过各类信息系统，包括嵌入武器平台的信息单元来体现的。信息系统提高了指挥手段和武器平台的智能化、网络化、一体化程度，延伸了人对战场信息的感知能力、对武器平台的控制能力，对于形成和提高基于信息系统的体系作战能力具有基础和支撑作用。军事信息系统是多层次、多种类、多侧面的，不同的视角可划分出不同的种类。从应用的角度看，军事信息系统主要包括信息基础设施、指挥信息系统、信息作战系统、嵌入式信息系统、日常业务信息系统五类。

其中，信息基础设施主要包括信息传输平台、信息处理平台、基础服务系统和信息安全保障系统等，是实现军事信息快速、安全、有序流转的基础支撑；指挥信息系统是核心，主要由指挥控制系统、侦察探测系统，以及气象水文、测绘导航等综合保障系统构成；信息作战系统直接作用于敌方和己方信息系统，主要由电子战系统、网络战系统，以及舆论战、心理战、法律战手段构成；嵌入式信息系统具有双重属性，从技术和功能上看属于军事信息系统，从存在形式上看属于信息化主战武器装备系统，主要由嵌入主战武器平台信息系统和嵌入弹药信息系统构成，是指挥信息系统与武器装备绞链的末端；日常业务信息系统从办公自动化发展而来，主要由通用日常业务信息系统和专用日常业务信息系统构成，是军队各级机关在日常办公中协同工作的平台。

2. 信息化主战武器装备系统

信息化主战武器装备系统是军队遂行作战任务的重要物质基础。其突出特征是具备信息探测、传输、处理、对抗等功能，在军事信息系统的联结融合下，以接入网络的方式构成逻辑上的整体，达成武器系统的互联、互通、互操作，以及结构功能的可伸缩、可替代、可重组，实现信息力、机动力、火力、防护力的整体跃升。信息化主战武器装备系统主要包括信息化作战平台、精确制导弹药、信息作战系统和新概念武器。

其中，信息化作战平台和精确制导弹药，实质是嵌入式信息系统与新型机械化武器装备融合后的物化形式；新概念武器，是运用了以信息技术为代表的高新技术，杀伤破坏机理与传统武器装备有着本质区别，尚处于研究探索之中的一类新型武器；信息作战系统，从技术形态上看属于军事信息系统，从功能属性上看属于信息化主战武器装备系统。

3. 信息化支撑环境

信息化支撑环境是对信息化建设起支撑保障作用的环境和条件的统称，包括军事理论、法规标准、体制编制、人才队伍、基础技术等五个方面的"软环境"。

其中，军事理论主要包括军队信息化基础理论和信息化作战、建设、管理等应用理论，对信息化发展具有引领和指导作用；法规标准主要包括军队信息化领域的法律、法规、规章和标准规范等，是调整各方关系、规范各类行为的基本依据；体制编制主要包括信息化军队的规模、总体结构、组织体制和部队编制等，为信息化发展提供组织保障；人才队伍主要由信息化指挥人才、信息化管理人才、信息技术专业人才、信息化装备操作和维护人才构成，是信息化建设成败和信息化作战胜负的决定性因素；基础技术主要包括系统总体技术、信息获取技术、信息传输技术、信息处理与管理技术、信息应用与保障技术、信息安全技术等，是推动信息化持续发展的原动力。

4."两类系统、一个环境"的相互关系

"两类系统、一个环境"涵盖了信息化建设的所有领域和全部范畴，也覆盖了军队现代化建设的方方面面。

其中，军事信息系统是军队信息化的先行领域，信息化主战武器装备系统是军队信息化建设的重点，这两个方面构成了建设内容的主要物质要素，是衡量军队信息化水平的重要标志，也是形成和提高基于信息系统体系作战能力的关键。双重属性部分是军事信息系统和信息化主战武器装备系统的结合部和重合点，是机械化、信息化复合发展和有机融合的重要标志，是信息、火力一体化的具体体现。重合度的大小反映了机械化、信息化复合发展速度的快慢和有机融合程度的高低。

信息化支撑环境作为保障军队信息化建设协调发展的重要依托，是最具创新活力的组成部分，直接影响着军事信息系统和信息化主战武器装备系统的发展和使用。随着军队建设转型的不断深入，信息化支撑环境的地位作用越来越突出，日益成为信息化建设关注的焦点。"两类系统、一个环境"既相对独立、各有侧重，又相互联系、相互作用，共同构成军队信息化建设的有机整体。

• **知识延伸**

– 部分国家军事智能化发展趋势 –

智能化是军事信息化发展的必然阶段。自 20 世纪 70 年代信息革命爆发至今，信息技术历经近半个世纪发展，已经形成体系完备的产业集群并渗透

到诸多领域，包括军事领域。一些军事强国大力推动军事智能化发展。

美国占据全球军事智能化发展的先机

美国已将人工智能置于维持其主导全球军事大国地位的科技战略核心，构建智能化军事体系。美国在 2014 年 11 月 15 日推出的第三次"抵消战略"中，首次将军事智能化作为装备和技术发展重点。2016 年和 2019 年美国先后发布第一版和第二版《国家人工智能研发战略规划》，指导国家人工智能研发与投资。2019 年 2 月，美国发布《保持美国在人工智能领域的领导地位》行政令，要求促进和保护美国人工智能技术和创新，确保美国在该领域的领导地位。2022 年 3 月，美国国防高级研究计划局启动新项目，在军事决策过程中引入人工智能技术。

英国试图实现处于军事智能化发展领导地位的目标

英国是人工智能技术的诞生地，一直在积极推动发展人工智能技术。2012 年，英国政府开始将人工智能技术列为国家重点发展的八大技术之一。2015—2018 年，英国已发布多项相关战略文件，将人工智能列为其国家战略的核心，要求英国成为 21 世纪人工智能发展领域的世界领导者之一。为推动发展和应用人工智能技术，英国成立人工智能发展委员会、人工智能发展办公室及工业战略挑战基金等相关机构，加大资金投入力度，力争在人工智能领域处于领先地位。2021 年 7 月，英国陆军将人工智能首次应用于爱沙尼亚"春季风暴"演习，士兵利用人工智能技术获取有关周围地形和环境的重要信息。

俄罗斯高度重视军事智能化

2013 年，俄罗斯成立机器人技术科研实验中心，提出未来 20 年要在智能化、无人技术等方面取得重大突破。《俄联邦 2018—2025 年国家武器发展纲要》将智能化武器装备列为发展重点。2019 年 9 月 19 日，俄发布《人工智能战略》，要求加速俄罗斯人工智能发展和军事应用。近年来，俄国防部联合其他部委已成立人工智能专项基金、国家人工智能中心、人工智能实验室，资助开发人工智能算法，建设人工智能创新型基础设施，开展人工智能在国防领域的基础性、前沿性和前瞻性研究。俄军还不断组织人工智能演练，开展各种复杂作战环境下的兵棋推演，研究人工智能对作战的影响。

3.2 军事信息系统建设

3.2.1 军事信息系统的概念

军事信息系统是指以计算机网络为核心，主要利用综合集成方法和技术，将指挥控制、情报侦察、预警探测、通信、电子对抗、军事保障等融为一体的综合性信息系统。要想准确把握信息系统的概念，必须首先分别了解信息和系统的概念。前面已经介绍了信息的概念，那么对系统又如何理解呢?

1. 系统

（1）系统的定义

系统是一个整体，它由若干个具有独立功能的元素组成，这些元素相互联系、相互制约，共同完成系统的总目标。关于系统的定义有很多，可以把系统的概念提炼为四个基本要点，即整体、元素、结构和功能，系统就是按照某种结构、把其元素组织起来的、使其具有某种整体功能的一个统一体。

所谓系统结构，是指系统内各元素之间物理上或逻辑上的关系。如各元素在数量上的比例关系，时间上的先后关系，空间上的连接关系，人与人之间的隶属关系、血缘关系、同志关系等。系统内各元素间的关系有些是静态稳定的，有些是动态变化的。任何一个系统都具有一定结构，否则不能成为系统。

所谓系统的功能，是指系统要达到的目标或要发挥的作用，是系统的基本属性。不同的系统一般具有不同的系统功能，但从本质上讲，系统的功能就是接受物质、能量与信息，并进行变换，产生并输出另一种形式的物质、能量与信息。

（2）系统的一般模型

一个实际系统的一般模型从宏观上来看包括输入、处理和输出三部分，如图 3 – 2 所示。

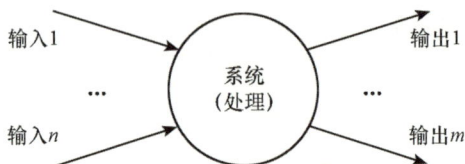

图 3 – 2   系统的一般模型

系统输入：系统接受的物质、能量和信息。

系统输出：系统经变换后产生的另一种形态的物质、能量和信息。

系统的环境：是为系统提供输入或接受它的输出的场所，即与系统发生作用而又不包括在系统内的其他事物的总和，简称外环境或环境。系统必须依赖环境而存在，系统与其环境之间相互交流、相互影响。

系统的边界：是指一个系统区别于环境或另一系统的界限。有了系统的边界，就可以把系统从所处的环境中分离出来。可以说，系统的边界由定义和描述一个系统的一些特征形成。边界之内是系统，边界之外是环境。

作为一个系统，一般应具备三个独立的特征：有元素及其结构，有一定的目标，有确定的边界。系统的元素、结构、环境三者共同决定了系统的功能。

2. 信息系统

广义上说，任何系统中信息流的总和都可视为信息系统，只不过随着科学技术的进步，信息系统越来越依赖通信、计算机等现代化手段，使得以计算机和通信网络为基础的信息系统得到了快速发展，极大地提高了人类开发利用信息资源的能力。因此，目前普遍认同的信息系统是一个人造系统，它由人、计算机硬件、软件和数据资源等组成，基于计算机、通信网络等现代化的工具和手段，及时、准确地获取、处理、存储、管理和传递信息，必要时能向有关人员提供有用信息。

从系统的观点看，信息系统的一般模型包括输入、处理、输出和反馈四个部分，如图 3 – 3 所示。

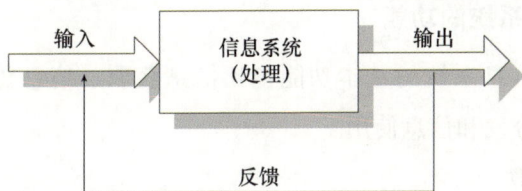

输入 　信息系统（处理）　输出

反馈

图 3 – 3　信息系统的一般模型

信息系统的输入与输出类型明确，即输入是数据，输出是信息。信息系统输出的信息必定是有用的，即服务于信息系统的目标，它反映了信息系统的功能或目标。信息系统中，处理意味着转换或变换原始输入数据，使之成为可用的输出信息。处理也意味着计算、比较、交换或为将来使用进行存储。信息系统中，反馈用于调整或改变输入或处理活动的输出，对于管理、决策者来说，反馈是进行有效控制的重要手段。

3. 军事信息系统

军事信息系统是综合运用信息技术，实现对军事信息的获取、管理、处理、分发和使用，为作战单位和武器装备的指挥控制与管理决策提供服务的系统。它是一个通过信息技术手段或信息交流形式，将信息获取、信息传输、信息处理、信息管理和信息应用等部分结合在一起，形成的具有特定军事功能的有机整体，是信息化条件下作战指挥、政治工作、教育训练、综合保障，以及科研生产、部队管理和日常办公等活动的主要信息平台。

军事信息系统是军队信息化的先行领域，是构建作战体系的前提和基础。信息技术在军事上的应用，首先是通过各种信息系统，包括嵌入武器平台的信息单元来体现的。

3.2.2　军事信息系统的功能与作用

随着现代信息技术的进步和军事对抗需求的变化，信息系统的形态不断

向更高级的方向发展，其功能和作用也在不断地演变和强化，大大地拓展了
人类观察世界、认识世界和改造世界的能力。

1. 军事信息系统的功能

一般来说，信息系统的基本功能包括信息获取、信息传递、信息处理、
信息存储、信息分发和信息使用。

（1）信息获取

首先，信息系统必须根据系统的目的和用户的要求，通过各种手段，采
集散布在组织机构各部门、物理空间各处、各时间点、各频率范围的有关信
息，记录并转换成信息系统可接收、可识别和可处理的形式。在现代信息系
统中，从外部获取的各种信息，一般情况下都需要转换成电信号甚至是数字
信号，才能被信息系统进行后续处理。信息获取是信息系统的重要环节，所
获取信息的完整性、时效性、精度等都关系到信息系统中流动和处理的信息
质量的好坏，对信息系统效能的发挥有着直接的影响。

信息获取有许多方式和手段，如人工采集录入、软件自动采集、传感器
自动采集等。信息获取的终极目标是实现信息系统对现实世界的真实和实时
反映，各种单一的信息获取手段都有其局限性，因此需要综合使用各种技术
的和非技术的信息获取手段，才有可能对所感知的世界进行全空域、全时域、
全频谱、全天候的探测。

（2）信息传递

信息的流动是信息系统的基本活动，也是信息系统生存发展的前提。信
息传递是信息从一个设备（或地点）传送到另一个设备（或地点）的过程。
从采集点采集到的数据要传送到处理中心，经加工处理后的信息要送到使用者
手中，各部门要使用存储在中心的信息，指挥员下达指令指挥控制部队与武器
平台等，都需要依靠信息系统的信息传递功能来实现。系统规模越大，系统运
行方式越灵活，信息传递的问题就越复杂，对信息传递功能的要求就越高。

信息传递一般包括信息发送、传输、交换和接收等环节。随着信息与通
信技术的飞速发展，信息传递的手段更加丰富、能力更加强大。光纤传输技

术可以解决大容量、长距离的信息传递问题，无线传输技术可以解决野外条件下的信息传递问题，宽带移动通信技术可以解决移动环境下实时流畅的信息传递问题，卫星通信技术可以解决远距离广播式信息传递问题，量子通信技术将彻底解决安全保密的信息传递问题，甚至可见光将来也有可能被用来传递信息。

• 名词解释

– 量子通信技术 –

量子通信技术是基于微观世界的物质特性开发出的一门新型通信技术。它具备传输速率高、通信安全可靠等优势。量子通信技术的基本思路是将原物的信息分为经典信息和量子信息两部分，并且分别由经典信道和量子通道传输给接收方。理论上，即使遭到攻击，量子通信技术仍可保证通信双方安全地交换信息。目前，量子通信的主要技术包括量子密钥分发和量子隐形传态。量子密钥分发，是利用量子力学特性来保证通信安全性。它使通信的双方能够产生并分享一个随机的、安全的密钥，来加密和解密消息。量子隐形传态是一种利用分散量子缠结与一些物理信息的转换来传送量子态至任意距离的位置的技术，它传输的不再是经典信息而是量子态携带的量子信息，有利于建立实用型的量子网络。

（3）信息处理

信息处理是信息系统对原始信息进行加工和处理，并形成有用信息和知识的过程。信息处理的准确性、时效性、深度等指标水平直接关系到信息利用的结果，直接决定了信息价值的高低，也是信息系统技术水平高低的重要体现之一。信息处理一般包括两个步骤：第一步是"粗加工"，即对获取到的原始信息进行人工或计算机系统加工和处理，以形成便于传递、存储、分发和进一步加工的有序化、规范化的信息；第二步是"深加工"，即根据系统目标和使用要求，对各种信息进行融合、关联、分析挖掘、判断推理、排序、分类、比较、统计、预测、仿真模拟、压缩加密以及其他各种模型计算，以便于理解、解释或预测现实世界发生或可能发生的情况，如目标的跟踪与识别、态势的分析与评估、威胁的判断与对策等。

目前，信息系统依靠规模大小不同的计算机来处理数据，并且处理能力越来越强。这种能力取决于计算机硬件和软件两个方面。信息系统建设的一项重要工作，就是要根据系统所承担的使命任务，科学确定信息处理的能力需求，并据此设计、购置和开发系统的硬件和软件。

（4）信息存储

信息被采集进入系统之后，经过加工处理，形成对管理决策有用的信息，并由信息系统负责对这些信息进行存储和管理以备使用。如果说信息传递是发生在空间域的（从一个地方传送至另一个地方），那么信息存储可以理解为时间域的信息传递（从一个时间点延续至另一个时间点）。

信息的存储涉及物理存储和逻辑组织两个层面。物理存储是指将信息以适当的形式存储在适当的介质上，如磁盘、光盘、磁带等；逻辑组织是指按信息的逻辑内在联系和使用方式，把信息组织成合理高效的结构，提高信息存储和使用的效率，如数据库系统、文件系统等。当前，信息系统规模越来越大，对信息存储的数量、质量、时效性、关联性等各项指标要求越来越高。

（5）信息分发

信息分发是信息系统按照一定的规则和方式，将处理形成的有用信息以标准化的格式准确送达特定用户的过程。信息分发通常采用的是一个源头、多个终点的并发式传输方式，其目的是最快实现信息共享和行动指令的快速分发。

信息系统基于适当的通信系统，依据规定的分发程序，通过情况简报、视频会议、电话、传真、电子邮件、数据库远程服务、直接数据传输等多种分发方式，确保信息在需要时及时送达任何一个有权限的用户。信息分发的质量要确保用户能够理解信息的内容，并协助用户将信息应用于其业务活动中。

（6）信息使用

信息使用是信息系统按照用户的需要，组织、提供信息，以及利用信息形成控制指令并作用于外部事物的过程。一方面，信息系统将加工处理后的信息，以合理的结构和易于理解的形式提供给用户，以完成业务处理、组织管理、辅助决策等功能，其信息格式可以是文字、声音、图像、视频等，输出的方式可以是通过语音报话、打印机打印或显示器显示等。另一方面，信息系统将处理后的信息转换成能控制外部设备运转的指令，实现对设备的控制。

2. 军事信息系统的作用

（1）一般信息系统的作用

对于普遍意义的信息系统来讲，其作用主要体现在以下方面。

● 支持决策。所谓决策，就是把收集到的信息与要求的目标信息进行比较分析，选择和执行最合理的对策，并随时监督实施，依据实施反馈的新信息调整对策。简单地说，决策就是为了达到行为目标而采取某种对策的过程。管理需要决策，指挥需要决策，任何有目的的行动都需要决策，而任何决策都必须先有信息，也就必须要有信息系统的支持。如果没有及时和适用的信息，决策必然是瞎指挥、乱拍板，后果不堪设想。

● 产生知识。知识是人类在不断认识自然与改造自然的过程中逐步积累的关于世界的客观描述，是信息的积累和提炼。正确地运用知识会产生巨大的力量，从而推动事物的发展和进步。随着时代的前进和科学技术的发展，我们面临的许多问题都比过去更复杂，而问题的复杂度又往往与该问题相关的知识难度成正比，所以，如果具备了解决该问题的有关信息及知识，就为最终解决该问题奠定了基础。从积累知识的角度看，可以说，哪里有知识，哪里就有信息系统。而如果从利用信息产生知识的角度看，又可以说，哪里需要知识，哪里就需要信息系统。

● 促进有序。信息系统普遍存在于自然界和人类社会。任何系统物质和能量的变化、运动及交换一般都以信息为先导，并受信息的控制。人类社会更是这样，一切生产和生活活动都是在人类发出的信息的控制下进行的。所以，作为任何系统的一个子系统，信息系统提升着整个系统的确定程度，增进整个系统的有序发展。

（2）军事信息系统的作用

作为信息获取、传输、处理、共享的平台，军事信息系统提高了指挥手段和武器平台的智能化、网络化、一体化程度，延伸了人对战场信息的感知能力和对武器平台的控制能力，对于形成和提高基于信息系统的体系作战能力具有基础和支撑作用，其根本作用就是将信息转化成战斗力，有时甚至军事信息系统本身就是战斗力。具体来说，其作用主要体现在以下四个方面。

● 提高对战场态势的掌控能力。军事信息系统可以使指挥人员在远离战场的情况下全面、及时、形象、直观地掌握战场综合态势和有关情况，最大程度廓清"战争迷雾"，指挥协调作战行动，掌握控制作战平台，准确评估作战效果。

● 提高作战指挥决策能力。通过军事信息系统的辅助决策手段，运用指挥人员平时知识积累的优势和战时指挥人员群体决策的优势，把指挥人员的经验和创造性与高技术手段结合起来，科学地评估选择作战方案，提高作战计划的速度和质量。

● 提高部队的快速反应能力。军事信息系统可以迅速收集瞬息万变的战场信息，并对这些信息进行快速的分析、判断、综合和处理，实时提供给指挥人员决策使用，将相关命令、指示和各种反馈信息及时、准确地传输到各个作战单元，从而保证对有关部队和作战单元实施迅速、稳定和不间断的指挥控制。

● 提高综合保障能力。随着信息化战争的不断深入，作战部队和武器装备对综合保障的要求越来越高，需要保障的对象越来越多，保障的空间范围越来越大。军事信息系统能够搜集、分析、处理和管理保障信息，及时按需分发大范围、高精度、高时效的保障信息，指挥保障力量实施作战保障，提供综合保障辅助决策支持，同时还能够支持武器装备试验活动和平时的日常业务管理等。

需要强调指出的是，军事信息系统是一个人－机系统，人在系统中起主导作用。再先进的硬件和软件，都是军队官兵进行军事活动的工具，不可能离开人来发挥其功能。目前，认知科学和人工智能技术的发展水平，还不具备人所特有的创造性、灵感和悟性。分析判断、正确选择、定下决心、组织计划和危急情况下的处置等活动中，人都是第一因素，离不开知识型、学习型的新型军事人才。所以，在军事信息系统中，计算机系统是无法代替人进行决策的，只能起辅助决策作用。另外，在日益复杂的军事信息系统中，军队官兵要顺利地履行职责，必须具备良好的科技素质和熟练的操作运用能力。因此，只有以人为主体，做到人、机两者的最佳结合，才能充分发挥军事信息系统的作战效能，实现指挥控制与管理的科学化和高效率，从而赢得战争的胜利。

3.2.3 军事信息系统的建设内容

按照"两类系统、一个环境"的划分，军事信息系统建设内容主要包括信息基础设施、指挥信息系统、信息作战系统、嵌入式信息系统、日常业务信息系统等五类系统，如图3-4所示。

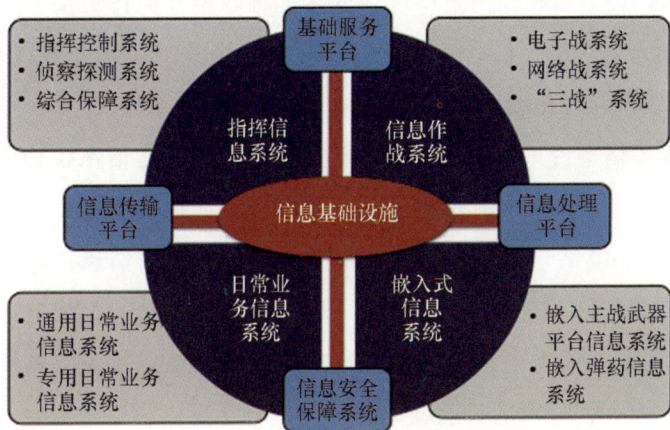

图3-4 军事信息系统的构成框架

1. 信息基础设施

信息基础设施是保障军事信息传输、处理、安全防护和综合管控的各种软、硬件设施的总称，是信息资源发挥作用的必要前提，也是信息传输、交换和共享的必要手段。只有建立先进的信息基础设施，军队信息化的优势才能充分发挥。

从应用功能角度划分，信息基础设施建设包括信息传输平台、信息处理平台、基础服务系统和信息安全保障系统等建设。

（1）信息传输平台

信息传输平台是由各种通信系统构成的公共信息传输网络，它包括由各种通信设备（如传输设备、交换设备、用户设备、保密设备、供电设备、维护测试设备等）组成的各种业务网，如电话通信网、电报通信网、数据通信网和图像通信网等。信息传输平台的基本功能是完成人与人之间、人与装备之间和装备与装备之间的信息传递。

信息传输平台由多种多样的介质和系统构成，按传输介质不同，信息传输平台通常分为有线传输平台和无线传输平台两大类。从传输介质上来说，卫星传输平台本质上也属于无线传输平台，只是由于卫星传输具有的特殊优势，卫星通信成为信息传输平台建设的重要内容。

● 有线传输平台：指由金属导线或光缆等线缆介质传送信号的通信系统构成的信息传输平台，主要包括军用被复线传输系统、架空明线传输系统、电缆传输系统及光纤传输系统等。

● 无线传输平台：指由通过无线电波传送信号的通信系统构成的信息传输平台，主要包括短波通信系统、微波通信系统、长波通信系统、散射通信系统等，可传输电话、电报、数据、图像等各种形式的信息，是军队作战指挥的主要通信手段。对于飞机、舰艇、坦克等运动平台，无线电通信是最重要的通信手段。无线电通信具有建立迅速、机动灵活等特点，其缺点是稳定性不强，空中信号易被侦听截获、测向定位和干扰。

● 卫星传输平台：指由各种卫星通信系统构成的信息传输平台。卫星通信系统利用人造地球卫星作为中继站转发通信信号，联络起两个或多个地球站而进行通信。卫星通信所使用的电磁波频率处在微波的频率范围之内，所以卫星通信类似于微波通信。卫星传输平台具有容量大、覆盖面广、通信质量高、选站灵活和成本低廉的特点，其作用是有线传输平台和常规无线传输平台无法替代的，在信息传输平台中的地位越来越重要。

（2）信息处理平台

信息处理平台是综合运用计算机技术、人工智能技术、图形图像处理技术、信息融合技术，对各种信息进行自动综合、分类、存储、更新、检索、复制、分发和计算等处理的各类信息系统构成的整体。信息处理平台是信息基础设施的"大脑"，在作战中，各类情报信息流都要向这里汇集，经处理后向各个作战要素分发。信息处理平台建设内容广泛，着眼需求，当前主要应抓好通用信息处理平台、栅格计算和共用存储环境建设。

● 通用信息处理平台主要是为作战、侦察、情报、训练、办公等应用系统提供基础的图形处理、地理信息处理、字表处理等信息处理服务，改善各应用系统的互操作性，使软件易于集成和维护，同时降低开发成本和时间等。通用信息处理平台由应用支撑软件、系统基础软件及共享数据环境等组成。

● 栅格计算与存储技术是一种基于网络、能以灵活便捷方式实现动态变化、多个虚拟组织或机构之间共享存储资源、协同处理信息的技术，主要包括分布异构数据共享与协作、处理作业管理与任务调度等。其以服务的形式把异构分布的资源映射为单一系统影像，实现计算、存储资源的全面共享和高效利用。

● 共用存储环境是为了实现信息在各网络化作战实体之间的合理、有序流动和各作战实体对信息的有效访问，而建立的对信息进行保存、组织、排列和配置的各种软件和硬件系统构成的整体。共用存储环境建设是为了实现信息的共享和检索。

（3）基础服务系统

基础服务系统是实现基础信息发布、信息资源共享和管理使用的系统。

基于栅格的基础服务系统将提供一种以网络为中心的可互操作的信息能力，可使决策者和各种作战人员按需访问、处理、存储、分发和管理信息。这种新型、高效的信息分发方式和信息环境，将保证用户在最短的延迟内准确地访问信息，获得信息决策优势所需的资源，实施高效的指挥和控制。

从应用功能角度来讲，基础服务系统建设的主要内容包括时统系统、电磁频谱管控系统、数据分发系统和网络资源综合管控系统建设。

● 时统系统是由各种电子设备组成的，提供标准时间信号和标准频率信号的完整系统。时统系统通常由授时和用户两部分组成。

● 电磁频谱管控系统是对电磁频谱和卫星轨道资源使用进行规划与控制活动的信息服务系统。电磁频谱管控的主要目的是避免和消除频率使用中的相互干扰，维护空中电波秩序，使有限的电磁频谱与卫星轨道资源得到科学、合理、有效的利用。电磁频谱管控系统包括多种子系统，如电磁频谱监测系统、电磁兼容分析系统、频率分配与指配系统等。

● 数据分发系统是专门为用户传输数据的信息基础设施，是以网络为平台，以数据为中心，实时、高效地向用户提供各种数据，满足用户需求的基础服务系统。数据分发系统主要包括各种基础数据库系统，功能强、稳定性高、可连续运行的数据传输网络节点，传输手段多、覆盖范围广的分发网络。基础数据库建设是数据分发系统建设的重点和基础，主要包括地理空间、兵员、编制、法规标准数据库建设等。

● 网络资源综合管控系统是对网络上实际运行的电路、同步网、信令、传输、交换设备、光缆、电缆、管线等资源进行管理的信息管理系统。其主要功能是：动态管理传输、交换设备、数据、管线、光纤等网络资源，提高网络资源利用能力；合理配置网络资源，向用户提供网络资源服务业务，实现庞大的军用网络资源的有效运行。网络资源综合管控系统是网络资源管控工作的系统平台，通过建立网络资源综合管控系统，可以为网络维护提供准确的资料、快捷的反应能力。

（4）信息安全保障系统

信息安全保障系统是保证信息在存取、处理、集散和传输过程中，保持其保密性、完整性、可用性、可审计性和抗抵赖性而设置的各种安全设备和机制。信息安全保障系统主要由实施各种安全机制的软硬件构成，包括网络防火墙、病毒防御、入侵检测软件以及密码专用芯片、安全处理器等。

从功能角度来看，信息安全保障系统建设主要应包括信息安全态势感知系统、网络防御系统、网络认证与审计系统、信息安全监测与评估系统建设等。

2. 指挥信息系统

指挥信息系统是综合运用以计算机为核心的技术装备，实现对作战信息的获取、传输、处理，保障各级指挥机构对所属部队和武器实施科学高效指挥控制的各类信息系统的统称。指挥信息系统依托信息传输平台和指控系统，将传感器网与武器平台网综合集成，使天基、空基、陆基、海基武器系统联为一体，实现三军通用信息与专用信息的融合与共享。指挥信息系统是信息化条件下军队联合作战行动的神经中枢，在体系作战能力的形成中具有基础性、关键性作用，不仅是信息化建设的先行领域，也一直被认为是战斗力的"倍增器"，在联合作战体系中起着联结各作战要素的纽带作用。

指挥信息系统的构成，按系统功能可分为指挥控制、侦察探测和综合保障等分系统；按指挥层次可分为战略、战役、战术指挥信息系统；按军兵种可分为陆军、海军、空军、火箭军等指挥信息系统。

（1）指挥控制系统

指挥控制系统（简称指控系统），是指挥员和指挥机构对作战人员和武器装备实施指挥和控制的信息系统，是指挥信息系统建设的核心。其主要功能是便于指挥员及时掌握战场态势，科学制订作战方案，快速准确地向部队下达作战命令。

按照不同的标准，指控系统可划分为不同的种类。按指挥层次可划分为战略指控系统、战役指控系统、战术指控系统；按适用范围可划分为陆军指控系统、海军指控系统、空军指控系统、火箭军指控系统等；按机动性可划分为固定指控系统、机动指控系统和可搬移式指控系统。现代战争中经常出现战略指挥下的战术行动，战略、战役、战术指控系统的划分已无严格的界线。

（2）侦察探测系统

侦察探测系统是综合利用部署在空间、空中、陆地、海洋的各种侦察探测装备和设备，及时、准确地大量搜集国家周边地区或热点地区的军事态势和军情动向，导弹或其他飞行器来袭的预警情报，以及其他与作战有关的情报信息，为计算机辅助决策、武器控制以及指挥员定下决心提供及时准确情报依据的信息系统。它是指挥员获取和形成战场态势感知的物质基础，是军事信息系统建设的重要内容。侦察探测系统主要包括侦察监视、预警探测和情报处理三个子系统。

● 侦察监视系统是搜集对手或潜在对手的兵力部署，武器配备类型、数量和战术技术性能等情报，以及地形、地貌、气象等资料，经过分析、处理形成综合情报，为军事行动和作战指挥提供决策依据的信息系统。按任务范围的不同，可分为战略侦察监视系统和战术侦察监视系统；按装备配置位置的不同，可分为天基侦察监视系统、空基侦察监视系统、陆基侦察监视系统和海基侦察监视系统；按获取信息方法的不同，可分为武装侦察、谍报侦察和电子侦察、光电侦察、光学侦察、计算机网络侦察等系统。

● 预警探测系统是探测、监视对手或潜在对手各种目标的活动规律和动态情况，及时、准确地探测到任何威胁目标，迅速判断出目标的特性、种类等重要参数（诸如目标的位置坐标、航速、航向等），并做出威胁度判断，发出预先警报的信息系统。其具有全天候工作、远距离警戒、高精度定位、目标定性识别等特点；所使用的装备主要有相控阵雷达、合成孔径雷达、超视距雷达和声呐等；其监视对象是空中的各种飞行器、海上的舰只等。按照系统作用，预警探测系统可分为战略预警探测系统和战役战术预警探测系统两大类。预警探测系统是利用先进的远程侦察、监视、探测和通信等手段，对来袭的战略武器实施预警探测的信息系统，是国家战略防御体系的重要组成部分，也是军队信息化建设的重要内容。预警探测系统建设要以建立多种探测手段综合运用的中远程战略预警体系为目标。按照探测目标的类型，预警探测系统可分为防天、防空、反导弹、反舰（潜）和陆战等预警探测系统。按照装备部署的位置，预警探测系统可分为天基、空基、陆基和海基预警探测分系统。

● 情报处理系统是对预警探测系统和侦察监视系统从物理空间获取的信息进行加工处理，为相关机构和人员提供可使用的情报信息的信息系统。情报处理系统建设的内容主要是提高数据融合、情报整合、态势汇合能力。数据融合是对各种预警探测和侦察监视系统获取的同一目标信息，进行去噪声、去重复处理和关联分析，从而得出精确的目标运动状态和物理属性。情报整合是对整个战场中各种预警探测和侦察监视系统获得的多个目标信息的分析与处理。态势汇合是指将数据融合和情报整合后的信息，迅速汇合到相关指挥所，经过计算机处理形成战场态势，通过监视器或大屏幕等设备清晰、直观地显示出来，为指挥员分析、研究、决策提供帮助。

（3）综合保障系统

综合保障系统是指除指挥控制、侦察探测系统外，为军队作战训练提供支援保障的各类信息系统。它是信息系统的重要组成部分，是实现"精确保障"的物质基础，也是军队战斗力的重要支撑。

综合保障系统主要包括气象水文保障信息系统、测绘导航保障系统、后勤保障信息系统、装备保障信息系统、防险救生/工程/防化保障信息系统、教育训练保障信息系统、科研生产保障信息系统等。

● 气象水文保障信息系统是为军队作战提供气象、水文和天文等信息保障的信息系统。根据处理信息的属性，气象水文信息系统由气象水文观测系统和预报系统组成。

● 测绘导航保障系统是测绘保障系统和导航定位保障系统的统称，是为军队作战提供地理空间、目标位置、精确制导和航（飞）行定向、定位保障的信息系统。

● 后勤保障信息系统是在后勤领域，综合运用以现代信息技术为核心的各种装备，实现信息的收集、传输、融合、利用，保障对后勤部队或装备的指挥与控制的系统的总称。其主要由后勤指挥信息系统、物资管理信息系统、运输管理信息系统、医疗保障信息系统、财务管理信息系统等构成。

● 装备保障信息系统是在装备保障领域综合运用以现代信息技术为核心的各种装备，实现装备保障信息的收集、传输、融合、利用，为装备保障指挥管理和有效实施提供服务的系统的总称。其主要由装备保障指挥信息系统、采购管理信息系统、维修管理信息系统等构成。

● 防险救生/工程/防化保障信息系统是支持部队，特别是工程防化部队遂行作战训练任务的信息系统，是实施快速、准确、及时防险救生/工程/防化任务的重要保障手段。其一般由防险救生/工程/防化保障指挥控制系统、专业侦测系统和工程伪装信息系统构成。

● 教育训练保障信息系统是对部队、院校教育训练起保障作用的信息系统，是军队教育训练的重要支撑，是提高军队教育训练水平的重要保障。其一般包括教育训练指挥管理系统、教育训练信息资源库、模拟训练系统和远程教育系统等。

● 科研生产保障信息系统是对院校、部队、军工单位的学术与装备科研起保障作用的信息系统。其主要包括学术科研管理信息系统、装备科研管理信息系统、装备生产管理信息系统三部分。

3. 信息作战系统

信息作战是为了干扰和破坏敌方正常获取、传递、处理和利用信息，保证己方正常获取、传递、处理和利用信息而实施的各种行动。信息作战作为一种软硬一体的作战方式，对于打击敌要害目标、破坏敌核心系统、夺取和保持局部制信息权，具有特别重要的作用。

信息作战系统是以信息技术为核心，直接用于摧毁和破坏敌方电子信息装备和设施，影响敌方信心和士气，保护己方信息、信息系统和人员心理的信息系统。由于信息及信息系统在信息化军队和信息化战场上的作用日益凸显，针对信息及信息系统而展开的信息作战引起了各国军队的高度重视，信息作战系统也成了军事信息系统中不可或缺的一部分。

从功能和应用角度来看，当前，信息作战系统主要由电子战系统、网络战系统和心理战系统构成。

（1）电子战系统

电子战系统是以各种电子攻防武器为主要手段的信息作战系统。主要包括电子侦察、电子进攻和电子防御等系统。

● 电子侦察系统是了解敌方电子威胁、监视敌方各种电子活动，以便有效地控制和利用电磁频谱取得战略战术优势和战场主动权的系统。电子侦察系统现已发展成为陆、海、空、天一体化的立体情报侦察系统，能实现全空域、全时域和全频域的侦收。

● 电子进攻系统是以电子干扰为主要手段的信息作战系统，由专用支援型电子战飞机、反辐射武器和反辐射导弹攻击引导机、电子干扰吊舱和作战平台自卫电子战系统组成。

● 电子防御系统是在敌方实施电子对抗的情况下，为保障己方电子设备和系统发挥效能而采取措施和行动的系统，包括反电子侦察、反电子干扰、反目标隐身，以及保护反辐射导弹的防护系统。

（2）网络战系统

网络战是敌对双方在计算机网络领域为争夺制网络权，通过削弱、破坏敌方计算机网络系统的信息和使用效能，保障己方计算机网络系统的信息和安全运行，而展开的信息作战行动。网络战系统是以计算机网络为主要平台和对象，以各种网络战武器为主要手段的信息作战系统，主要包括网络侦察、网络攻击和网络防御等系统。

● 网络侦察系统是采用多种计算机技术侦察手段进入敌系统，窃取情报信息的系统。网络侦察系统主要由各种网络侦察武器装备和专用侦察系统构成。网络侦察武器装备包括网络扫描器、网络窃听器、密码破译器和电磁侦测器等。

●　网络攻击系统是利用敌方计算机网络系统的安全缺陷，为窃取、修改、伪造或破坏信息，以及降低、破坏网络使用效能而采取各种措施和行动的系统。网络攻击系统主要由各种计算机网络攻击武器构成，一些国家积极开发集成度高的专用网络攻击系统。网络攻击武器主要包括计算机病毒、预设陷阱、微米/纳米机器人、芯片细菌以及非核电磁脉冲武器等。

●　网络防御系统是运用多种计算机安全技术、战术手段保护己方计算机网络系统免于敌方干扰和破坏的系统。网络防御系统主要包括网络安全监控系统、信息加密系统、攻击告警系统、漏洞扫描系统和入侵检测系统等。这些系统由各种软硬件构成，如网络哨兵、网络防火墙等。

（3）心理战系统

心理战作为敌对双方在多维空间内进行的心理交锋，是一种特殊的作战样式。心理战有广义和狭义之分。狭义上的心理战，是指传统意义上的心理战，是运用心理因素，通过宣传或其他活动，在精神上瓦解敌军的方法和手段。广义上的心理战，是指运用心理学原理和方法，借助于媒介影响对象的认知、情感、意志等心理过程，试图改变或最终改变对象的态度，是一种心理影响活动。从更广义的范围来讲，心理战也包括通过舆论和法律斗争手段对敌人心理造成影响的活动。心理战的对象既可以是民众，也可以是军队。

心理战系统是以各种信息技术装备和设备为主要手段，能对人的心理和团体的决策产生特定影响的信息作战系统。心理战系统尚无较为确定的划分标准。按照使用对象，可分为心理进攻系统和心理防御系统；按照使用媒介，可分为宣传材料散发系统、广播电视宣传系统、网络心理战系统等；按照装备平台，可分为机载心理战系统、舰载心理战系统和车载心理战系统等。无论何种心理战系统，都由多种心理战武器装备和手段组合构成。当前心理战系统建设内容，主要是研制各种新型心理战武器装备，开发心理训练、作战系统，并在此基础上进行综合集成，研制功能多样的心理战系统。比如，装备各种新型无线电广播电台、电视发射设备、无线电侦听和可自动进行信息处理的设备、彩色印刷设备、有线广播器材和声像处理车等，将虚拟现实技术、激光技术和隐身技术等引入心理战，提高心理战作战效能，研制无人驾驶心理战宣传飞机、高速船、智能化飞艇等智能化心理战装备以及心理战效果评估系统等。

4. 日常业务信息系统

日常业务信息系统是指各级机关在日常办公中处理各种业务所用到的各类信息系统的总称。其主要功能是推进军队办公的数字化、网络化和自动化，加强信息共享，在机关内部及机关之间建立网络化和数字化的信息沟通渠道，更好地实现各类管理职能，提高办公效率。

日常业务信息系统是军队各级机关平时协同工作的平台，可实现办公资源和办公信息的共享利用，对提高工作效率、管理水平，促进军队正规化建设具有重要意义，是应用最广泛的信息系统，是军队信息化建设的主要内容之一。日常业务信息系统建设包括通用日常业务信息系统和专用日常业务信息系统建设。

（1）通用日常业务信息系统

通用日常业务信息系统是日常业务中的基础性公用业务信息系统，主要包括公文处理系统、会议管理系统、日常事务管理系统、日常值班系统、办公决策支持系统、辅助办公系统和信息共享系统等。

● 公文处理系统是对公文处理的全过程实施管理的系统，是军队普遍使用的通用日常业务信息系统，具有收/发文管理、公文起草、公文传阅与公文签批等功能，可实现跨领域、跨部门日常办公系统之间的互联互通，提高办公效率和科学管理水平。

● 会议管理系统是实现会议的计划、审批、通知、议题、议程与纪要等公文的编辑、上报、批复、打印、浏览和查询等功能的系统。

● 日常事务管理系统分为办公事务管理系统和个人事务管理系统两种。办公事务管理系统是实现领导日程安排、工作计划安排、工作日志和通知发布等功能的系统。个人事务管理系统是实现待办事项提示、个人日程安排、个人邮箱、通讯录、留言本等功能的系统。

● 日常值班系统是辅助机关值班人员完成日常行政值班的系统，一般具有掌握值班情况、处置值班事件、交接班以及值班管理等功能。

● 办公决策支持系统是利用办公数据和办公模型，辅助决策者对复杂办公问题进行决策的人机交互系统。办公决策支持系统主要提供专用信息库查询、公共信息查询及辅助决策等功能。

● 辅助办公系统是具有所在单位人员管理、车辆管理和办公设备管理等功能，为日常办公管理提供技术支持的系统。

● 信息共享系统是面向全体人员，实现信息发布与查询的系统。

（2）专用日常业务信息系统

专用日常业务信息系统是各业务口统一使用的信息系统，主要包括军务日常管理系统、政工日常管理系统、后勤日常管理系统和装备日常管理系统等。

● 军务日常管理系统是军务部门对人员、车辆、重点部位进行经常性管理的系统，主要由人员和车辆管理系统、门禁系统、监视视频系统、安全告警系统、消防自动控制系统等构成。

● 政工日常管理系统是组织、干部、宣传、保卫、纪检、群工、青年等部门各自独立使用的信息系统，如党委工作数据库系统、干部档案系统、专题宣传数据库系统和安全环境数据库系统等，主要由一系列数据库应用软件组成。

● 后勤日常管理系统是用于经费管理、物品请领与发放的系统，主要由财务系统、军事运输系统、医疗保健系统、营房工程设计系统、仓库管理系统和军需物品管理系统等构成。

● 装备日常管理系统是用于装备的全寿命管理，实现装备日常请领、发放、修理、维护、退役、报废精确管理的信息系统，主要完成装备的维护计划、方案的拟制，装备日常请领登记统计、战损登记统计，发放、保管、维护、送修、报废的登记备案等。

5. 嵌入式信息系统

嵌入式信息系统是指嵌入主战武器平台的信息系统，例如嵌入弹药信息系统。下文将详细介绍信息化主战武器装备系统建设。

3.3 信息化主战武器装备系统建设

信息化主战武器装备系统是以信息技术为支撑，具备信息探测、传输、处理、对抗等功能，对敌方具有直接杀伤、摧毁、破坏作用的主要武器系统。信息化主战武器装备系统是军队遂行作战任务的重要物质基础。其突出特征是具备信息探测、传输、处理、对抗等功能，在军事信息系统的联结融合下，以接入网络的方式构成逻辑上的整体，达成武器系统的互联、互通、互操作，以及结构功能的可伸缩、可替代、可重组，实现信息力、机动力、火力、防护力的整体跃升。

按照"两类系统、一个环境"内容体系的划分，信息化主战武器装备系统主要包括信息化作战平台、精确制导弹药、新概念武器、信息作战系统等四类系统，如图3-5所示。

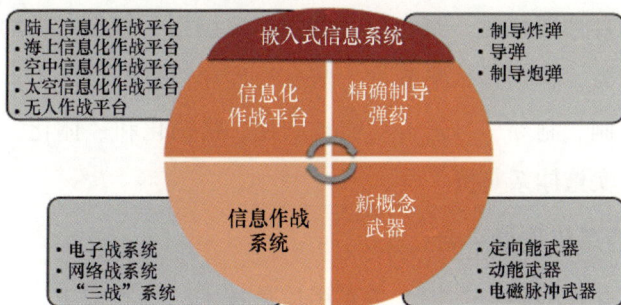

图3-5　信息化主战武器装备系统的构成框架

3.3.1　信息化作战平台

信息化作战平台作为信息化武器系统的重要组成部分，主要通过新建、嵌入式改造和系统集成，提高武器装备的信息化水平和综合作战能力。信息化作战平台是以信息化武器控制系统为核心，具有运载、投送和管理控制功能，并可作为武器依托的载体部分。

信息化作战平台主要包括五大类：一是由大量采用信息技术的各类坦克、步兵战车、自行火炮、导弹发射装置等组成的陆上信息化作战平台；二是由各种大型舰艇、潜艇等组成的海上（水下）信息化作战平台；三是由各种先进作战飞机和直升机等组成的空中信息化作战平台；四是由各种军用卫星和航天飞机等组成的太空信息化作战平台；五是由无人机（也称无人驾驶飞行器）、无人地面车辆（也称机器人）和水下无人作战平台等无人操控系统组成的无人作战平台。

信息化作战平台的信息系统，能够充分发挥信息化主战武器系统的技术性能，提高其战场部署、机动作战、火力突击和防护等能力。信息化作战平台利用信息技术和计算机技术，以传统平台为基础，但这不再是传统意义上的独立兵器，而是信息化武器系统网络结构的节点，是精确制导弹药的依托。其与传统作战平台相比具有三大优势：一是科技含量高，通常装有综合传感器、电子计算机、信息化弹药、自动导航定位设备等，集成了光电技术、新材料技术、新能源技术、计算机技术等众多高新技术，其高科技含量占50%以上；二是综合性能优越，具有较强的探测、识别、打击、机动、定位、突防和隐身等能力，特别是信息获取、信息处理和信息共享能力；三是便于体系对抗，其控制、制导、打击等功能自动化、精确化和一体化，便于发挥整体作战能力，实施体系对抗。

1. 陆上信息化作战平台

陆上信息化作战平台是指大量采用信息技术的各类坦克、装甲车辆、自行火炮和导弹发射装置等。第三代坦克普遍采用液压传动，配备了数字式火控系统、车际信息系统、红外热成像瞄准镜、激光压制观瞄系统、激光敌我识别系统、通信系统和导航定位系统等，具有全天候作战能力。陆上信息化作战平台的信息系统主要包括指控与通信系统车载单元、监视侦察系统、敌我识别系统、定位导航系统、威胁和对抗告警系统等。

2. 海上（水下）信息化作战平台

海上（水下）信息化作战平台是指大量采用信息技术的各类舰艇和潜艇等。水面主战武器有航空母舰、巡洋舰、驱逐舰、护卫舰、两栖舰，以及导弹艇、扫雷艇等各种小型水面作战舰艇。水下主战武器有常规潜艇和核动力潜艇。海上（水下）信息化作战平台的信息系统主要包括情报采集系统和指挥通信系统。情报采集系统的主要装备有对空/对海雷达、敌我识别雷达、声呐、相控阵雷达等；指挥通信系统的主要装备有短波和超短波电台、计算机、舰艇信息系统、导航系统、作战指挥系统和电子战系统等。

3. 空中信息化作战平台

空中信息化作战平台是指大量采用信息技术的各类作战飞机和直升机。第三代战机和第四代战机是当今世界的主流装备。第三代战机具有中、低空高速机动和加速能力，普遍装配了卫星导航和地形跟踪导航等高技术自主飞行控制系统，不少还加装了先进的夜视设备。第四代战机则以隐身、超音速巡航、非常规机动和超视距多目标攻击能力为主要特点。空中作战平台的信息系统建设主要围绕综合航空电子信息系统进行。

综合航空电子信息系统作为现代战机执行作战任务的主要系统，在整个作战飞行过程中担负着从起飞到本机导航引导、飞行控制、目标搜索识别跟踪、火控计算、武器投射与制导、电子战、通信等多重任务，是现代战斗机的"大脑"和"神经中枢"，是实现先敌发现、先敌攻击、先敌摧毁目标的关键。该系统主要由综合显示控制管理（含显示控制处理机、平面显示器、多功能显示器等）、目标探测（含机载雷达、光电探测装置等）、通信导航识别、本机信息（含惯性导航、大气数据计算机等）、电子战、精确制导武器管理等分系统构成，从功能上可划分为目标信息获取、显示和火力控制系统，导航系统以及自卫电子战系统三个部分。这些分系统的成本占飞机总成本的40%以上。

4. 太空信息化作战平台

太空信息化作战平台是指能实施各类太空信息支援、指挥，以及能对敌方卫星和空中、海上、陆地目标实施攻击的各类太空平台。太空信息化作战平台主要包括三大类：一是军用卫星系统，如侦察卫星、预警卫星、导航卫星、通信卫星等；二是尚处在研究和发展中可用于装载攻击对方航天器武器的拦截歼击卫星系统，可实施对地、空攻击的支援卫星等；三是各类军用载人航天器，如航天飞机、空间站等。太空信息化作战平台一般包括有效载荷、结构与机构、热控制、姿态与轨道控制、电源、推进、数据传输、数据管理等分系统。返回式航天器还配有返回着陆系统，载人航天器还设有环境控制与生命保障系统、应急救生系统等。

由太空信息化作战平台及其控制与应用系统构成的军事航天系统，已成为战场信息获取的主要手段、全球指挥控制系统的骨干、远程精确打击效能的倍增器，全面支持战略、战役、战术各个层次作战行动，全面进入各类作战单元，大大缩短了信息获取和传输时间，实现了从发现、辨别、决策到行动的快速性和精确性，使作战效率大幅度提高。

5. 无人作战平台

无人作战平台能够在全维作战空间遂行侦察、预警、监视、电子干扰、火力打击和后勤保障等作战和支援保障任务。无人操控技术已比较成熟，无人机的研制和作战使用都已相当成熟，无人地面车辆和水下无人作战平台由于陆地导航和水下环境的复杂性，尚未达到无人机的成熟水平，正在加大技术攻关力度，并逐渐开始投入实战试用。随着无人操控系统智能化程度的不断提高，无人作战平台由以执行常规侦察任务为主，发展到在几乎所有战术领域都逐渐发挥重要作用。

国外无人作战平台现已具有侦察、预警、监视、电子干扰、火力打击和后勤保障等多种功能，并针对空军、海军、陆军、海军陆战队、海岸警备队等军兵种，以及不同级别部队装备的不同需要，开发了多种类型。

随着作战范围的日益扩大以及难度的增加，单个无人平台在执行任务时可能受到观察角度的限制而遗漏信息，不能够全方位完成侦察；同时在执行攻击任务时，单个无人平台在作战范围、杀伤半径、摧毁能力以及攻击精度等方面受到的限制会影响整个作战任务的成功率。近年来，人们通过研究诸如鸟群、鱼群、羚羊群和细菌群等生物群体的社会性现象，发现这些具有协作能力的生物有躲避掠食者、增大觅得食物的机会、节省能量、协同对抗天敌等优势。通过把这种群体智能的思想应用到无人平台集群中，可以实现无人协同编队的控制、决策和管理，从而提高无人平台完成任务的效率，拓宽无人平台使用范围，使之安全、可靠地执行侦察和作战任务。

据美国五角大楼透露，自 2016 年起，美国就积极研发可快速与美空军交互的"蜂群"无人机技术，即"山鹑"无人机集群系统。美国国防部副部长也表示，"可以想象作战飞机突破敌方一体化防空系统后，布撒 30 余架小型无人机组成网络，执行一些难以完成的任务。"当前，以"蜂群"为代表的无人集群具有如下特点：首先，集群个体是分散式的，没有中心控制，不会因为单一个体或者几个个体出现不确定的状况而影响全局；其次，集群个体不能直接得到整体全部信息，仅能感知部分信息，个体遵循自治原则；再次，集群个体之间基于相互通信进行协作，包含个体越多，通信消耗量也越大；最后，集群个体具有良好的自组织能力，能够协同执行较为复杂的任务。构建无人集群复杂行为建模平台，实现不同环境下自组织集群多编队协同、队形重构以及决策控制等关键技术，为有效发挥无人平台自身优势和提高多无人系统的作战效能提供理论基础和技术保障。

（1）集群复杂行为组件化建模分析平台

传统基于仿真平台手动编程的建模开发方式需要建模人员深入学习系统建模相关的基础理论知识，熟练掌握对应的仿真平台技术，导致自组织集群行为模型开发门槛高、开发周期长、系统升级和维护成本大，难以满足无人集群系统频繁更新、高效集成的实际要求，已成为制约无人集群复杂行为模型仿真分析普及发展的重要因素。无人集群复杂行为模型组件化建模技术的实现建立在分层组装的思想理念上，它强调对构成无人集群复杂行为模型的各实体进行独立的组件化建模，并采用灵活的链接组装方式将这些无人实体模型组件化组装为无人集群复杂行为系统。因此，无人集群复杂行为模型组件化建模开发流程可以分解为两个基本的子阶段：支持无人实体模型的组件化开发和将无人实体模型进行组件化链接组装。无人集群复杂行为组件化建模平台既可以实现自顶向下由无人集群复杂行为模型逐步细化到底层的无人实体，又可以实现自底向上由无人实体层次式组装构造复杂的自组织集群行为模型。

（2）以防撞机制为核心的多编队协同

自组织无人集群通过局部空域信息共享来实现共同的目标，但它并非多个无人平台功能的线性组合，而是典型的群体智能系统，是一个复杂非线性协同系统，能够适应动态环境并执行复杂的任务。以防撞机制为核心的多编队协同相关研究包括：局部空域建模，不考虑地球曲率，大大简化计算，并建立时空混合的无人冲突区域概念；离散化飞行轨迹，用经纬度和高度进行标识，添上时间信息描述无人平台四维状态，构建局部空域内基于复杂网络的协同防撞机制，从而确保平台安全。无人平台形成编队执行任务时，既要考虑防撞问题，又要保证机群整体目标任务高效快速地完成。利用簇化信息单元对自组织集群任务进行有效管理描述之后，考虑从目标收益与集群损耗两个方面对自组织集群任务进行协同分配。

（3）面向效率最优的无人平台队形变换

无人集群编队数量较多的无人平台组成编队向特定目标或方向运动过程中，相互之间保持预定的几何形态，同时又要适应受战场环境约束的重构技术。无人平台队形变换主要研究能力有限的个体无人平台如何在局部交互机制和协调重构算法作用下合作完成相对复杂的规定任务。针对无人平台队形变换效率问题，提出队形变换最优效率求解模型，将能耗最小和队形变换完成时间最短作为最优效率衡量指标。利用轨迹推导的评价指标具有一般性，可适用于多类无人平台。

（4）分布式自组织无人集群决策控制

无人集群具备智能化程度高、不确定性因素多以及任务环境复杂等诸多特点，自主决策与控制是实现自组织集群多编队协同的关键，对于提高自组织的整体作战效能起着至关重要的作用。构建时域协同与空域协同的体系结构，采用分布式方式，体系结构呈现扁平分散化的特点，系统具备更好的动态扩展能力。采用基于状态空间的多无人平台复杂态势预测模型，支持针对局部空域内的多无人平台协同控制问题的解决，只要在同一集群内无人平台之间存在有效的通信连接，就能够保证有效的分布式状态预测与最优化选择。

3.3.2 精确制导弹药

精确制导弹药是采用精确制导技术，具有较高命中精度或直接命中概率大于50%的火力打击武器。精确制导弹药有的自成火力单位，有的则装备在飞机、舰艇、坦克、装甲战车等作战平台上，有的甚至可由单兵操纵发射，通常具有较强的精确打击和抗干扰能力。目前大部分精确制导弹药都是在传统弹药基础上运用信息技术进行改造后形成的命中精度高、威力大的新型制导弹药。例如，在普通炸弹上加装激光制导组件就是激光制导炸弹，加装GPS组件就是卫星制导炸弹。与传统的弹药相比，这类弹药依靠自身的动力装置推进或靠飞机、火炮等投掷，由制导系统控制其飞行线路和弹道，能够获取和利用目标所提供的位置和特征信息，进行飞行控制、弹道修正，直至准确命中目标，因而具有较高的作战效能。

尤其是具备自主发射与攻击能力的智能型弹药，很大程度上依赖嵌入式的信息系统。精确制导武器要在短时间内分清敌我目标，并做到首发命中击毁目标，仅靠人工引导是不现实的，必须使制导武器具有某种人工智能。智能型弹药是能在各种条件下利用声波、无线电波、可见光、红外、激光和气味等一切可用的目标信息，自主地选择目标并实施攻击的精确制导弹药。智能型弹药将情报、监视、侦察功能与火力打击能力融为一体，既能发现和快速跟踪目标，也能攻击和摧毁目标。智能化的技术难点是成像传感器和能模拟人的分析、推理判断、决策等逻辑功能的微处理器。实现智能化必须获取丰富的信息量，传感器必须从二维、三维信息向多维信息发展，所以智能制导又称多维成像制导。这不仅对传感器提出很高要求，而且由于目标像素的增多，要求微处理器的运行速度极高。随着电子计算机和人工智能技术的不断发展、完善，精确制导弹药将朝着智能化的方向大步迈进。

精确制导弹药主要包括三类：一是制导炸弹；二是各种导弹，具有代表性的有巡航导弹、防空导弹、空空导弹、反坦克导弹等；三是制导炮弹与火箭弹，如末制导炮弹、末敏弹等。

1. 制导炸弹

制导炸弹亦称灵巧炸弹，是具有制导装置和空气动力操纵面的精确制导弹药，早期精确制导炸弹利用激光、电视、红外和无线电等技术探测目标，现阶段多采用 GPS 卫星制导技术，大幅提高命中精度和突防概率。比较典型的是美军的 GBU－28 "宝石路" 激光制导炸弹。

GBU－28 "宝石路Ⅲ" 制导炸弹，又称 "地下掩体" 攻击炸弹或 "掩体粉碎机"，采用激光制导方式，能够穿透 27 米厚的混凝土隐蔽部。新的改进型则使用 GPS 卫星制导技术，被称为 EGBU－28 智能型超级炸弹。它采用 B、C 两种热寻的延迟引信，炸弹头接触地面后，引信不爆炸而是钻地。遇到混凝土时，B 引信引爆，炸开一个洞继续下钻；遇到钢板加固物质时，受地下掩体的热辐射，C 引信爆炸，在钻透钢板后，钻入地下掩体内爆炸。

2. 各种导弹

导弹是依靠自身动力推进，由制导系统导引并控制其飞行弹道或轨迹，将弹头或战斗部导向并毁伤目标的武器。从结构上讲，导弹通常由弹头或战斗部、制导系统、控制系统、推进系统和弹体等部分构成。随着精密惯导、弹载计算机、导航定位系统、先进毫米波与成像制导和地形匹配技术在导弹中的应用，导弹精度大大提高，作战能力显著增强。导弹已成为精确制导弹药的主体，是各军兵种的主战武器。根据作战用途的不同，导弹主要分为巡航导弹、防空导弹、空空导弹、空地导弹、反辐射导弹和反舰导弹等。

· **知识延伸**

－按作战用途划分的主要导弹类型－

（1）巡航导弹

巡航导弹，又称为"飞航式导弹"，是指在大气中飞行，利用气动升力支持其重量，依靠推进装置的推力克服前进阻力，飞行器以近似匀速等高巡航飞行的导弹。其具有命中精度高、射程远、生存能力和突防能力强等优点。

巡航导弹大多采用惯性制导、程序制导、地形匹配制导、星光（天文）制导、GPS 制导等复合制导技术，命中精度可以达到 10 米以内，且有效射程可达 4 000 千米，可从敌防空火力圈外对敌纵深内的严密设防目标实施精确打击，而其携带弹头的威力和毁伤能力却又不亚于一枚小型原子弹。典型的有"战斧"式巡航导弹。

（2）防空导弹

防空导弹，是指利用精确制导技术对敌方来袭机、弹实施拦截的导弹。比较典型的有美国的"爱国者"系列导弹。

"爱国者"－2 增强型导弹与"爱国者"－2 型导弹相比，采用了飞行中可编程引信，一旦雷达确认了导弹跟踪目标的类型，就可指示导弹在杀伤力达到最强时爆炸。另外，它还加强了对低空目标的捕获和跟踪能力，除了用于防御弹道导弹，还可用于攻击飞机目标。"爱国者"－3 型导弹是在"爱国者"－2增强型导弹的基础上发展起来的一种更为先进的战术弹道导弹防御系统，主要由新研制的动能拦截弹和改进的雷达与指控系统组成。

（3）空空导弹

空空导弹至今已发展四代。根据歼击机对空作战的特点和担负的任务，其发展的重点是近距格斗导弹和中距拦截导弹，兼顾发展远距攻击导弹。近距格斗导弹采用红外制导，主要用于对付歼击机，其特点是体积小、重量轻、机动性强、反应快，具有全向攻击能力，能连续跟踪高机动、大过载飞行目标，射程在几百米至 20 千米。而中、远程拦截导弹，主要用于拦截轰炸机、歼击轰炸机，乃至歼击机，其特点是射程远、威力大，采用复合制导系统，抗干扰能力强，具有全天候、全高度、全方向攻击能力，"发射后不用管"。

典型的有美国的 AIM - 9X 和英国的 AIM - 132 近距格斗导弹，美国的 AIM - 120 和俄罗斯的 AA - 12 中距拦截导弹，以及俄罗斯研制的射程为 400 千米的 AAML 远程攻击导弹。

(4) 空地导弹

空地导弹是现代作战飞机携带的主要攻击性武器，它分为通用型空地导弹和空地反辐射导弹。其典型代表是美国的"斯拉姆"导弹和法国的"阿帕奇"导弹。其射程均在 100 千米以上。

"斯拉姆"导弹中段为惯性制导，并通过弹上装的全球定位系统接收装置修正惯导误差，在导弹飞临目标约 15 千米时，转为末段制导，弹上的红外成像自寻的系统开始搜索捕获目标，并将探测到的目标区红外图像信息通过数据传输装置发回到跟踪引导飞机上，由飞行员根据实时红外图像选定目标要害部位，通过遥控将导弹的导引头瞄准在目标要害部位。美军对伊拉克的一座水电站进行攻击时使用了"斯拉姆"空地导弹，第一枚导弹先将水电站外墙炸开一个洞，两分钟后第二枚导弹穿过该洞进入机房内部爆炸，充分显示了第四代空地导弹的高精度。

(5) 反辐射导弹

反辐射导弹是一种专用反雷达导弹，它是利用敌方雷达波束进行被动式制导的精确制导武器（对通信设备与系统摧毁的反辐射导弹也已研制成功）。反辐射导弹在发射前，要对目标进行侦察，测定其坐标和辐射电波的参数，当目标处于导弹有效发射区时即可发射。反辐射导弹飞行速度快（2~3 倍音速），射程比较远（20~60 千米），能在遭敌防空导弹攻击前，抢先摧毁敌方雷达。

典型的反辐射导弹主要有美国的"哈姆"，英国的"阿拉姆"，法国的"阿玛特"，俄罗斯的 AS - X - 11 和 AS - X - 12 等。反辐射导弹作为一种电子战武器越来越受到重视，先后在越南、中东等地，以及海湾战争、伊拉克战争中使用，取得了很好的战果。

（6）反舰导弹

根据发射平台的不同，反舰导弹可分为空舰导弹、舰舰导弹、潜舰导弹和岸舰导弹。目前，反舰导弹发展到第五代。其中有俄罗斯高超音速反舰导弹"锆石"、美国的 LRASM 导弹等。以俄罗斯"锆石"导弹为例，第四代反舰导弹最大射程可达 500 千米，而且全程飞行速度高达 5～10 马赫；破坏力增强，一枚导弹即可将驱、护舰一级的水面舰艇击沉；机动能力较强，导弹可按预定程序变向飞行，从不同方向进行攻击。

• • • •

3. 制导炮弹与火箭弹

与传统的杀伤爆破弹药相比，制导炮弹与火箭弹可靠性高、散布小，对目标的命中精度可达到 10 米之内，大幅度提高了火炮精确打击高价值目标的能力，将引发作战方式的变化。已经出现的制导炮弹与火箭弹主要有末制导炮弹、末敏弹药、弹道修正弹以及炮射导弹等类型。舰炮炮弹、舰载火箭炮火箭弹、航空火箭弹等也通过加装末制导组件，以激光、红外或毫米波、GPS 等技术在弹道末段探测和捕获目标，并实施导向目标的弹道控制，从而实现精确打击。

• 知识延伸

– 制导炮弹与火箭弹主要类型 –

（1）末制导炮弹

末制导炮弹是用火炮发射，在弹道末段进行制导的炮弹。它由引信、导引头、自动驾驶仪、战斗部、尾翼稳定组件、药筒、发射装药及底火等组成。其中，导引头用于在弹道末段为制导弹丸形成控制信号，以便跟踪目标，并将弹丸导向目标；自动驾驶仪用于接收并处理来自导引头的控制信号，当有惯性制导时，还接收并处理来自惯性陀螺的信号，将信号转化为驱动舵机的控制指令，控制弹丸以一定的导引规律飞向目标。

末制导炮弹的发展已经历了两代，其中第一代末制导炮弹是指以美国的"铜斑蛇"与俄罗斯的"红土地"为代表的激光半主动末制导炮弹。第二代榴弹炮末制导炮弹采用毫米波和红外复合制导体制，可以实现"发射后不管"。

（2）末敏弹药

末敏弹药是一种新型的子弹药技术，已研制成功的有美国的"萨达姆"和"斯基特"末敏弹药。末敏弹药的母弹可以是炮弹也可以是火箭，母弹是按常规方式发射的，飞至目标区上空母弹开仓抛出子弹药，子弹药出仓后是旋转的。稳定的转速和下降速度可使探测器材对地面进行连续的螺旋形扫描，发现目标后便向该方向发射出爆炸成型的弹丸，使之命中目标的顶部。

有些灵巧地雷也应用了末敏弹技术。如美国研制的一种攻击地面装甲目标的灵巧地雷，先用声响与地面震动传感器探测目标，发现目标后就向上空发射子弹药，而这些子弹药都是末敏弹，能取得比传统地雷更好的反坦克效果。

（3）弹道修正弹

弹道修正弹是利用弹道修正系统对炮弹、火箭弹等的飞行弹道进行简易控制的弹药，较高的效费比使其具有独特的发展优势。例如：美国的155毫米"神剑"增程制导炮弹、英国的155毫米"长杆斧"远程弹道修正弹、法国的155毫米"桑普拉斯"弹道修正弹和瑞典研制的155毫米弹道修正弹。"卫星定位＋惯性测量装置"的复合式弹道修正技术前景广阔，如"神剑"和"长杆斧"都综合运用了两种技术的优势。

（4）炮射导弹

炮射导弹是用火炮身管发射的导弹，具有通用性好、命中精度高、不易被干扰等特点，主要用于攻击坦克等装甲目标及防御工事。炮射导弹由定装式导弹和制导控制系统等组成。定装式导弹主要由导弹、药筒、发射药及点火装置组成。制导方式有激光驾束制导、红外传输指令制导、无线电指令制导、毫米波雷达制导或多模制导等。

3.3.3　新概念武器

新概念武器主要是指有别于传统武器杀伤破坏机理和作战方式的武器。其高科技含量大、技术难度高、探索性强、资金投入大，而且其发展又受技术、经济、需求及时间等诸多不确定因素的影响，因此具有较高的风险性。

新概念武器主要有三类：一是定向能武器，是利用沿一定方向发射与传播的高能射束攻击目标的一种新原理武器；二是动能武器，是通过发射超高速运动的、具有极大动能的弹头与目标直接碰撞而摧毁各类目标的武器；三是电磁脉冲武器，是利用非核爆炸产生的高能电磁脉冲，摧毁敌信息系统中的电子设备和元件的武器装备。

1. 定向能武器

定向能武器是利用沿一定方向发射与传播的高能射束攻击目标的一种新原理武器，主要有激光武器、高功率微波武器与粒子束武器等。

· 知识延伸

– 定向能武器主要类型 –

（1）激光武器

激光武器是一种利用沿一定方向发射的激光束来攻击目标的定向能武器，具有远程、方向性好、能量集中、机动灵活、抗电子干扰能力强、反应时间短、命中精度高的特点。其可用来攻击空间卫星平台、弹道导弹、战术导弹及飞机等目标，也可用来使武器系统及作战人员致盲。美国和以色列合作研制的车载战术高能激光武器，射程将达到 7 ~ 10 千米，完成捕获、跟踪、识别，直至射击的全部交战过程仅需 7 秒，可快速连续攻击 5 ~ 10 个目标。

目前，正在研制与发展的有用于摧毁卫星、导弹、飞机、舰船的高能激光武器，也有用于干扰、致盲卫星、导弹或人员的低能激光武器。其中，强激光反卫星武器在现有的反卫星武器系统中占有显赫的地位，并已进入实用阶段。由于激光武器的杀伤破坏效应已在一系列武器系统试验中得到验证，应用效能也日益显著，加上太空中没有空气，对激光束的传播极为有利，所以天基激光武器可以从远距离攻击敌方卫星。

（2）高功率微波武器

高功率微波武器，又称射频武器，是利用定向发射的高功率微波束毁坏敌方电子设备和杀伤敌方作战人员的一种定向能武器。这种武器的辐射频率一般在 1~30 吉赫，功率在 1 吉瓦以上。其特征是将高功率微波源产生的微波经高增益定向天线向空间发射出去，形成高功率、能量集中的微波束来杀伤或摧毁目标。与传统的武器相比，高功率微波武器具有全天候攻击、攻击多种目标、附带损伤很小等优点。其主要作战对象是雷达、战术导弹（特别是反辐射导弹）、预警飞机、卫星、通信设备、军用计算机、隐身飞机、车辆点火系统以及人员等。如当使用功率密度为 1 000~10 000 瓦/厘米^2 的强微波束照射目标时，能在瞬间摧毁目标、引爆炸弹、导弹、核弹等武器；当人员受到 3~13 毫瓦/厘米^2 的微波束照射时，会产生神经混乱、行为错误、烦躁、眼盲、心肺功能衰竭等现象；当功率密度达到 20~80 瓦/厘米^2 时，仅需照射 1 秒，就可造成人员死亡。

俄罗斯于 1998 年研制成功的"电子炸弹"，实质上就是一种短脉冲中微波武器，能量高达 100 亿瓦，相当于 10 座核电站的功率。它以光速在空间沿直线传播，受其照射的目标在顷刻间会因高温受热化为一缕青烟。由于高能微波有极强的穿透性，就连地下工事和装甲战车内的人员也难以逃脱其伤害。

（3）粒子束武器

粒子束武器是用粒子加速器把粒子源产生的粒子加速到接近光速，并用磁场聚焦成密集的束流，直接或去掉电荷后射向远距离目标，在极短时间内把极高的能量传给目标，以此摧毁目标或对目标造成软破坏。1989 年 7 月，美国利用"白羊座"火箭进行了第一次中性粒子束装置试验，并且首次建立了这类中性粒子束的空间物理数据库。

2. 动能武器

动能武器是通过发射出超高速运动的具有极大动能的弹头直接碰撞（而不是通过弹药的爆炸）摧毁各类目标的武器，有些动能武器飞行的速度可达 5 倍音速以上。其主要包括利用火箭推力的动能拦截器和利用电磁能推力的电磁发射武器。

• 知识延伸

– 动能武器主要类型 –

（1）动能拦截器

动能拦截器是一种自主寻的，利用其与目标直接碰撞的巨大动能来杀伤目标的飞行器。它是在导弹技术的基础上迅速发展起来的一项新技术，高精度制导和快速响应控制是其关键技术，追求的目标是"零脱靶量"。部分发达国家的一些系统已经接近实战化水平，可能具备全面部署的高性能多层反导防御体系，并具备动能反卫星能力。

（2）电磁发射武器

电磁发射武器利用的是一种全新原理的发射技术，主要包括电热化学炮、电磁轨道炮、电磁线圈炮等技术，其中电热化学炮和电磁轨道炮技术在近年来取得了重大进展。电热化学炮的炮弹由等离子体喷管、化学推进剂和弹丸组成。美国于 1993 年 6 月已研制出世界上第一门 60 毫米电热化学炮，弹丸的炮口能量比固体发射药火炮提高了 35％。电磁轨道炮是完全依赖电能和电磁力加速弹丸的一种超高速发射装置，其出口速度远远高于其他类型的电磁发射器。

电磁轨道炮被美国陆军看成是 2020 年后陆军战车主要武器的候选技术方案，未来应用包括美国未来战斗系统、英美战术侦察装甲战车/未来侦察骑兵车等车辆，也可作为舰载武器。

3. 电磁脉冲武器

电磁脉冲武器是利用非核爆炸产生的高能电磁脉冲摧毁敌信息系统中的电子设备和元件的武器装备。其具有破坏范围大、不杀伤敌有生力量的特点。根据作战范围和威力的大小，电磁脉冲武器通常可分为战略型电磁脉冲武器和战术型电磁脉冲武器。

· 知识延伸

— 电磁脉冲武器主要类型 —

（1）战略型电磁脉冲武器

战略型电磁脉冲武器，又称为核电磁脉冲武器，是根据并模拟核武器爆炸时所产生的电磁脉冲效应制成的。这种核电磁脉冲效应虽然持续时间很短，但它的瞬间强度极高，可以达到每米几十万伏特，比平常的雷电能量起码要大1 000倍。它包含的频率范围很宽，从极低频到极高频，几乎覆盖了雷达、通信、电子计算机等电子设备的全部工作频段。加之核电磁脉冲以接近光速的速度向四周传播，而且作用距离很远，因此它所到之处，几乎一切电子设备都会遭到破坏。

军事专家们推算，海湾战争期间，如果在沙特或伊拉克上空投放1枚当量为100万吨级的核电磁脉冲炸弹，那么，海湾战区2 000多千米范围内的一切电子信息设备，无论是位于空中、地面、地下，还是位于水面或水下，都将遭到破坏。

（2）战术型电磁脉冲武器

战术型电磁脉冲武器是借助核爆炸之外的其他方法来产生电磁脉冲效应的，例如采用激光效应。已经问世的"高能非核电磁脉冲武器"享有"超强力电子干扰机"之称，它无论在干扰性能还是干扰距离等方面都大大优于现在的电子干扰设备。它的有效辐射功率可以比现有的电子干扰机高3~6个数量级，相当于提高了1 000倍到100万倍，作用距离可以远达数百至上千千米；

它产生的强大感应电流，轻者能使计算机系统过载停机，重者能将系统硬件烧坏。军事家们指出，与核爆炸容易引起公愤相比，由于战术型电磁脉冲武器的使用无须顾忌太多，所以它一旦被广泛应用，很有可能成为未来信息化战场上最具有杀伤力的武器。

3.4　信息化支撑环境建设

信息化支撑环境是对信息化建设起支撑保障作用的环境和条件的统称，包括军事理论、法规标准、体制编制、人才队伍、基础技术等五个方面的"软环境"，如图3-6所示。

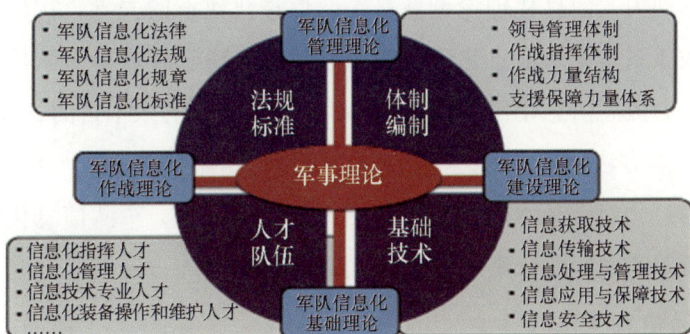

图3-6　信息化支撑环境结构图

3.4.1　军队信息化理论建设

军队信息化理论体系通常包括基础理论和应用理论。根据信息化理论建设实际，应建立由信息化基础理论、信息化作战理论、信息化建设理论、信息化管理理论构成的理论体系。

1. 军队信息化基础理论

军队信息化基础理论是对军队信息化的本质、特点和规律的科学概括和总结，着重回答一般性、普遍性、基础性的问题。军队信息化基础理论是整个军队信息化理论体系的基石，是军队信息化应用理论的基础，对建设信息化军队、打赢信息化战争具有基础性、根本性、长远性的指导意义。军队信息化基础理论主要包括基本概念、基本原理和基本方法。

（1）基本概念

军队信息化基本概念主要包括：信息、信息化、军队信息化、军队信息化建设、新军事变革、信息化战争、信息化作战、信息战、一体化联合作战、信息化作战体系、网络中心战、体系破击战，等等。

（2）基本原理

军队信息化基本原理主要包括：信息主导是军队信息化建设的核心理念，信息化战争需求是军队信息化建设的主要牵引，信息技术革命是军队信息化建设的根本动力，信息化理论创新是军队信息化建设的先导，构建基于信息系统的作战体系是军队信息化建设的核心任务，科学管理是军队信息化建设的重要保障，提高信息化作战能力是军队信息化建设的根本目的，等等。

（3）基本方法

军队信息化建设基本方法主要包括：唯物辩证法，军队信息化建设发展路线图，统筹兼顾，综合集成，虚拟实践，等等。

2. 军队信息化作战理论

军队信息化作战理论是关于信息化作战的特点、规律及作战指导的理论，是军队信息化理论的核心，对谋划和打赢信息化战争具有直接指导作用，对军队信息化建设具有牵引和促进作用。研究的主要内容包括：信息化作战的基本内涵、形成背景、发展过程、基本思想、体系结构、表现形式、基本流程、主要行动、能力构成、指挥控制、战场环境、综合保障等。当前影响较大的信息化作战理论有：一体化联合作战理论、网络中心战理论、体系破击战理论、信息战理论、快速决定性作战理论、非对称非接触非线式作战理论、"空海一体战"理论等。

3. 军队信息化管理理论

军队信息化管理理论是对军队信息化管理的系统的理性认识，主要研究军队信息化管理的目的和意义，军队信息化管理的本质、特点和作用，军队信息化管理的过程和规律，军队信息化管理的方法、途径和措施，军队信息化管理的发展趋势等。军队信息化管理理论对于揭示军队信息化管理的本质、特点和规律，加强军队信息化管理，合理配置和高效利用军事资源以提高军队信息化作战能力具有直接指导作用。

军队信息化管理理论内容丰富，主要有战略管理理论、系统管理理论、精确管理理论、项目管理理论等。

4. 军队信息化建设理论

军队信息化建设理论是关于军队信息化建设问题系统化的理性认识，主要揭示军队信息化建设的特点和规律，对促进军队建设由机械化半机械化向信息化转型、加强军队信息化建设具有直接指导作用。

军队信息化建设理论的构成，可以按军队信息化建设的主体内容、军队工作领域、军兵种、部队任务类型等进行分类和概括。

（1）军队信息化建设主体内容

军队信息化建设的主体内容是"两类系统、一个环境"。

（2）按军队工作领域区分

军队工作领域通常包括军事工作、政治工作、后勤工作、装备工作。与此相应，军队信息化建设理论主要研究军事工作信息化建设、政治工作信息化建设、后勤工作信息化建设、装备工作信息化建设等。这些理论研究，对于加强军队各工作领域以及军队整体的信息化建设具有直接指导作用。

（3）按军兵种区分

各国的军兵种设置不尽相同，常设军兵种主要包括陆军、海军、空军、火箭军等。与此相应，军队信息化建设理论主要研究陆军信息化建设、海军信息化建设、空军信息化建设、火箭军信息化建设等。这些理论研究，对于加强各军兵种以及军队整体的信息化建设具有直接指导作用。

（4）按部队任务类型区分

按照任务类型，主要有作战部队、保障部队、科研院所、边海防部队等。与此相应，军队信息化建设理论主要研究作战部队信息化建设、保障部队信息化建设、科研院所信息化建设、边海防部队信息化建设等。这些理论，对于加强各任务类型部队以及军队整体的信息化建设具有直接指导作用。

3.4.2　军队信息化法规标准建设

军队信息化法规标准包括军队信息化建设的有关法律、法规、规章和标准规范，是一个完整的体系。

1. 军队信息化法规体系

军队信息化法规体系可以分为纵向和横向两个方面。

（1）军队信息化法规体系的纵向层次

军队信息化法规在纵向上可分为法律、法规和规章三个层次。

第一层是军队信息化法律。信息化法律居于军队信息化法规体系的顶层，与国家宪法对接。它规范和调整的是军队信息化活动中的基本关系或某一方面的重要关系，在法律地位和效力上从属于宪法，具有顶层规范性和全面约束性，是制定军队信息化法规、规章的重要依据。

第二层是军队信息化法规。信息化法规居于军队信息化法规体系的中间层，上承法律，下接规章，由国家最高军事机关单独制定和颁发，或与国家最高行政机关联合制定和颁发。

第三层是军队信息化规章。信息化规章依据法律和法规制定，表现为规定、规则、办法、细则和标准等，属于军队信息化法规体系的基础层。

（2）军队信息化法规体系的横向构成

军队信息化法规在横向上主要分为综合、信息基础设施、信息系统、信息资源、信息安全、信息化武器装备、信息化人才、信息动员和信息作战九大类别。

综合类法规主要是针对军队信息化发展战略、推进路线、规划计划以及相关部门的地位作用、职责权限等进行总体性规范，目的是建立依法统筹、分工负责、合力推进的信息化工作制度。

信息基础设施类法规主要是针对信息基础设施建设、使用、管理等内外关系进行专门规范，目的是明晰建管用主体、权利、义务及协同配合等。

信息系统类法规主要是针对信息系统的技术体制、互联互通互操作要求、建设的组织实施和相关权利义务、知识产权保护等进行专门规范，目的是使信息系统的建管用依法有序实施。

信息资源类法规主要是针对信息资源开发规划，信息资源挖掘、处理、再生和整合，军事信息数据库建设，信息资源共享等进行专门规范，目的是调整和规范信息资源开发利用行为。

信息安全类法规主要是针对信息安全管理体制、机制和技术措施等进行专门规范，对"防火墙"的设置与管理，入网认证及检测，录入信息制式与渠道，安全事件应急预案，加密及密钥管理和信息安全产品认证制度等做出规定。

信息化武器装备类法规主要是针对信息化武器装备发展战略、规划计划、立项研制、试验生产、列装使用、改进改型等进行系统规范。

信息化人才类法规主要是针对信息化人才的选拔、培养、考评、交流、使用和管理等进行规范。

信息动员类法规主要是针对信息动员的责任主体、协同配合机制等进行规范，目的是依法动员、依法调用、依法管理，充分发挥信息动员对信息作战的保障作用。

信息作战类法规主要是针对电子战、网络战、心理战等进行规范，目的是统筹资源、协调行动，保证信息作战顺利实施。

2. 军队信息化标准体系

军队信息化标准主要是根据相关技术的应用和转化以及彼此的技术关系

制定的。在层级上低于军队信息化法规，效力由军队信息化法规来保证，是对军队信息化法规的技术性补充和手段性约定。根据相互关系，军队信息化标准体系可以分为纵向和横向两个方面。

（1）军队信息化标准体系的纵向层次

军队信息化标准在纵向上包括国家军用标准和部门军用标准两个层次。

国家军用标准是对具有顶层规范性、基础支撑性和全局统一性的技术、装备及其系统和软件等进行的统一规范，适用于全军信息化领域，对部门标准具有顶层规范和综合协调作用。

部门军用标准是对分领域、专业性或尚不具备制定国家军用标准条件的技术、装备及其系统和软件等进行的统一规范，是对国家军用标准的细化和补充。

（2）军队信息化标准体系的横向构成

军队信息化标准在横向上分为信息化共用基础标准、各业务领域信息化通用标准和装备信息化标准。

信息化共用基础标准是军队信息化标准体系的核心部分，是各种军事信息系统建设都应遵循的标准，是建立具有一体化特征的军事装备体系的技术标准支撑。该类标准又进一步细分为信息处理标准、信息传输标准、基础数据标准、信息安全标准、人机接口标准、信息交换标准和工程管理标准等。

各业务领域信息化通用标准作为共用基础标准的补充，主要是对共用基础标准未予以规定而各业务领域范围内仍需统一和明确的技术事项做出规定。该类标准又进一步细分为机要保障标准、作战指挥标准、测绘保障标准、气象水文保障标准、情报保障标准、通信保障标准、军事训练标准、军务标准、动员标准、信息作战标准、政治工作标准、后勤保障标准和装备保障标准等。

装备信息化标准是规范各装备平台信息采集、处理、传输、交换和显示等方面的标准。该类标准又进一步细分为各军兵种装备标准。

3.4.3　军队信息化体制编制建设

军队信息化体制编制涉及军队建设及作战的各个领域，内容十分广泛。其基本内容包括军队规模、军队总体结构、军队组织体制和军队编制。军队规模以军队人员、装备的总体数量为基本内容，主要体现军队的总体物质实力，直接影响各级组织单位的数量和层次的设置；军队总体结构以军队组织体系的整体结构形式和主要构成成分的比例关系为基本内容，主要体现军队各组成部分、主要系统和基本层次的宏观构成状况；军队组织体制是以组织系统、机构、单位的设置为主要内容，主要体现军队组织的宏观构成状况；军队编制是以军队各级、各类组织和机构的人员、装备的具体编配为基本内容，主要体现军队组织的微观构成状况。这四个方面既相互制约，又相辅相成，是一个有机的整体，共存于体制编制体系之中。以下着重阐述其中所涉及的领导管理体制、作战指挥体制、作战力量结构和支援保障力量体系。

1. 领导管理体制

领导管理体制是军队领导管理在机构设置、职能划分和相互关系方面确定的组织制度，是军队组织体制的重要组成部分。其基本功能是保证高度集中地控制军权，对军队建设实施有效的领导和管理。世界上军队领导管理体制与作战指挥体制存在形式有两种：有的是军队行政机关与指挥机关在一定的层次上分开设置并各自形成不同的组织系统，即军政、军令分开；有的是军政、军令合一，没有脱离领导指挥体制之外的、独立运行的领导管理体制或者作战指挥体制，领导管理与作战指挥的职能凭借领导指挥体制得以实施与实现。无论其体制如何，各国军队都根据信息化战争的要求，加强信息化领导指挥体制建设。

军队信息化建设领导管理体制寓于军队领导管理体制之中。军队信息化建设牵引管理体制建设，与以往相比最大的不同点就在于注重横向协调与整合，对已不能完全适应军队信息化发展需求的传统纵向领导管理机构体系和结构模式，采取利用、改造与新建相结合的方法，最大限度地利用和发挥原有机构体系的资源和效能，建立新的协调机制，逐步构建纵横结合的矩阵式领导管理体系结构，以适应军队信息化建设的需要。

2. 作战指挥体制

作战指挥体制是军队作战指挥在机构设置、职能划分和相互关系等方面确定的组织制度，在军队组织体制中处于核心地位。其基本功能是通过可靠、有效的指挥活动，保障高度集中地控制指挥权，对军队作战实施统一指挥。作战指挥体制是决定作战指挥时效的关键，指挥效能的高低直接影响着战争的进程和结局。

目前，世界发达国家军队都在探索建立适应信息化战争需求的作战指挥体制，如通过减少指挥层次、增大指挥跨度，逐步发展扁平化作战指挥体制、构建联合作战指挥体制等。

3. 作战力量结构

作战力量结构是作战力量各要素的组合方式和相互关系。作战力量的诸要素是以一定的相互结合方式投入作战过程和产生作战功能的，离开一定的结合方式就难以形成实际的作战能力。作战力量结构的基本功能是谋求一种好的结构形式，促进信息化作战力量诸要素的全面增长和整体优化，产生比原有组织更强的战斗力，逐步形成与打赢信息化战争相适应的作战力量结构体系。

在军队结构中，作战力量结构是起决定作用的基本架构。科学合理的作战力量结构是发挥军队整体功能的重要条件，是关乎战争胜败的重要因素。当前，世界各国更加注重根据打赢信息化战争要求，打破军种界限，按专业性质归类建设，按实际需要灵活编组，建立全新的一体化联合作战力量结构体系，以确保形成新的体系作战能力并与新的战场环境及作战方式相适应。

4. 支援保障力量体系

支援保障力量体系是指遂行支援保障任务的力量体系。在层次上，支援保障力量体系包括信息支援保障力量、后勤支援保障力量和装备支援保障力量等。支援保障力量具有一体化、模块化、不间断性、快速反应、随机应变等特点，是作战力量的重要支撑，是战场力量不可或缺的重要组成部分。

3.4.4 军队信息化人才队伍建设

党的二十大报告指出，要加快军事人员现代化，建强新型军事人才培养体系。信息化人才队伍需要不同专业门类的人才有机结合。也就是说，军队信息化人才不是指某一种类型的人才，而是一个巨大的人才群体。依据不同分类标准，信息化人才构成有不同的表现形式。按照专业素质，信息化人才可分为"专业型"人才、"专家型"人才、"复合型"人才；按照专业职能，信息化人才可分为信息技术研究开发人才、信息化管理人才、信息技术应用开发人才和信息作战指挥人才；按照岗位职责，信息化人才可分为信息化指挥人才、信息化参谋人才、信息化专业技术人才、信息化技能人才；按照工作领域，信息化人才可分为信息化军事人才、信息化政治人才、信息化后勤人才、信息化装备人才；等等。综合考虑工作岗位和专业，信息化人才主要由信息化指挥人才、信息化管理人才、信息技术专业人才、信息化装备操作和维护人才构成。

1. 信息化指挥人才

信息化指挥人才，是指思想政治素质过硬，经过信息化条件下联合作战系统培训、掌握信息化作战理论知识、具备信息化作战指挥能力素养、能胜任信息化作战指挥岗位的高素质新型军事人才。信息化指挥人才具有下列特点：知识结构具有复合性——精通本军种知识，了解掌握多个学科、多个军种、多个岗位的知识；素质能力具有综合性——除具备一般军事指挥人员的通用能力素质外，还具备组织信息化作战指挥和联合训练的核心素质能力；任职经历具有多样性——接受多岗位锻炼，具有其他军兵种部队或院校任职经历；培养阶段具有递进性——信息化指挥人才素质能力培养贯穿于院校培训的全过程，初级打基础，中级学应用，高级练谋略。

信息化指挥人才涵盖战略、战役、战术三个层次，包括军事、政治、后勤、装备四种岗位。主要包括：组织领导军队信息化建设和组织指挥信息化作战的中高级指挥军官，为信息化条件下军队建设和作战组织协调、出谋划策的中高级参谋军官，组织指挥各类作战分队、作战平台、作战系统和保障系统遂行作战任务的一线指挥军官、参谋军官，参与组织筹划军队信息化建设和信息化作战的作战保障人才。

2. 信息化管理人才

信息化管理人才，是指承担军队宏观和微观信息化建设和管理的人才。信息化宏观管理人才，是指军队信息化主管部门的管理人才，对军队信息化建设履行全面管理、统一管理的职责。包括负责军队信息化建设宏观规划、决策实施、组织领导、协调控制的人才，负责军事信息系统、相关信息化主战武器系统开发运用的顶层设计、组织协调和统一管理的人才，负责军队信息资源、网络资源及其他基础设施建设的组织领导、协调控制和统一管理的人才。信息化微观管理人才，是指掌握信息化知识，具有信息化专业素养的直接从事信息系统或信息技术管理的人才。包括组织小型信息系统开发、维护和管理的专门人才，从事信息咨询与信息服务的专门人才，直接从事大型信息系统、信息网络日常维护管理的人才，从事军事信息的采集、处理、加工、运用、评估的组织管理人才，等等。

3. 信息技术专业人才

信息技术专业人才，是指负责信息技术研究开发、指导运用，承担军队信息化建设、信息化战争研究设计任务的专门人才。主要包括：具有丰富的信息专业知识，能够组织信息技术及信息化武器装备重大研究项目攻关的领军人才；精通信息化武器装备、军事信息网络，能够解决武器装备及技术保障复杂难题的专门人才；军事理论功底深厚，知识结构合理，熟悉军队建设和作战理论，熟悉信息技术及其军事运用，从事信息化理论、信息化战争研究的人才；具有扎实的军事理论知识，熟悉信息技术，掌握先进教学方法，传播信息技术知识及其在军事领域的运用的教学人才。

4. 信息化装备操作和维护人才

信息化装备操作和维护人才，主要是指军事信息网络系统、信息化武器主战系统、信息化作战平台的直接操作、使用和维护人才。信息化装备操作和维护人才，必须具有相当的文化基础和专业基础，掌握一定的信息知识和信息技术，具备熟练掌握和灵活运用手中武器装备的能力。主要包括信息化武器系统、信息战装备和信息设备的操作使用和维护人才，军事信息网络系统的操作、维护人才，软件编程、病毒制作、网络窃密和网络入侵的网络攻击人才，网络防护、网络监测、网络修复的网络防御人才等。这类人才是军队信息化建设的专业力量，是日常业务的骨干、信息化作战的"特种兵"。

现代科技快速发展，使战争形态日趋信息化和智能化。新型军事人才应当涵盖适应信息化作战指挥，驾驭网电作战、无人作战、太空作战等新型作战力量，开展军事高层次科技创新，以及具备高水平战略管理能力的多种类型人才。

第4章

基于信息系统的体系作战能力建设

　　基于信息系统的体系作战能力建设，是一个十分复杂的问题，它既带有传统战斗力建设的共性，又带有信息技术所赋予的鲜明个性，而且还在发展过程中逐步演化，不断呈现出新的特征。研究这个问题，既不能采用线性思维和还原论方法将其简单分解、分别分析，也不能仅靠宏观概括、用简单的文字进行描述，更不能局限于技术层面来理解和诠释，而是要从战争形态演变、信息技术进步、组织结构发展等诸多方面，运用体系和复杂系统科学的原理来认识和把握其一般规律。

4.1　对基于信息系统的体系作战能力的理解

　　要理解基于信息系统的体系作战能力建设的战略思想，必须首先剖析其内涵，弄清其机理，才能形成统一认识，更好地在军中贯彻落实。

　　下面循着这样一个脉络对基于信息系统的体系作战能力的内涵进行分析。首先探讨信息系统的内涵，其次分析信息化条件下的信息系统在体系作战能力生成中的作用，最后从认识论的历史发展角度分析体系与作战体系的概念与特性，试图从系统科学的"根"上去解读体系作战能力的内在机理，从而把握基于信息系统的体系作战能力这个概念。

4.1.1 对相关概念的理解

1. 军事信息系统的内涵

军事信息系统是多层次、多种类、多侧面的，不同的视角可划分出不同的种类。从应用的角度看，军事信息系统主要包括信息基础设施、指挥信息系统、信息作战系统、嵌入式信息系统、日常业务信息系统等五类系统。

军事信息系统作为"两类系统、一个环境"（即军事信息系统、信息化主战武器装备系统和信息化支撑环境）的组成部分，与其他二者紧密联系，缺一不可。信息化主战武器装备系统是以信息技术为支撑，具备信息探测、传输、处理、对抗等功能，能够对敌方实施直接杀伤、摧毁、破坏作用的主战武器系统，主要包括信息化作战平台、精确制导弹药和新概念武器等。信息化支撑环境是对信息化建设起支撑保障作用的环境和条件的统称，包括军事理论、法规标准、体制编制、人才队伍和基础技术等。其中，军事信息系统是体系作战能力建设的先行领域，信息化主战武器装备系统是体系作战能力建设的重点，这两个方面构成了体系作战能力建设的主要物质要素，是形成和提高体系作战能力的关键。信息化支撑环境是保障体系作战能力建设协调发展的重要支撑和依托，是最具创新活力的组成部分，涵盖制度层与文化层建设。

2. 网络信息体系概念

随着电子信息技术，特别是网络技术的飞速发展及其在人类社会中的广泛应用，网络信息体系的概念逐步形成和发展，并在一定范围内得到传播和应用。2017年10月，党的十九大报告提出"加快军事智能化发展，提高基于网络信息体系的联合作战能力、全域作战能力"，将网络信息体系概念推到了一个更高的层面。

网络信息体系是以"网络中心、信息主导、体系支撑"为主要特征，涵盖物理域、信息域、认知域、社会域的复杂巨系统，它依托全军信息基础设施，有效整合需求域、装备域、规则域等，实现全网共享和深度融合，集成指挥控制、预警探测、情报侦察、信息对抗、战场环境等功能系统，以及政治工作、后勤保障、装备管理等各级各类信息系统，形成有机整体。网络信息体系是信息化时代体系作战能力的催化剂和融合剂，它正在改变着信息化战争的形态以及战斗力生成的模式。目前人们对网络信息体系内涵主要有三种认识。一是"信息系统说"，即认为网络信息体系从本质上讲仍是军事信息系统。二是"装备体系说"，即认为网络信息体系是包括军事信息系统、主战武器系统、保障装备系统在内的一体化武器装备体系。三是"作战体系说"，即认为网络信息体系的本质是作战体系，是信息化作战体系的基本形态。其中第三种成为主流认识。

3. 信息系统在体系作战能力生成中的作用

基于信息系统的体系作战能力不能仅被视为信息系统的能力或信息作战能力，而是强调各要素、各系统、各体系和各种方式作战手段的高效聚合，是一种新的作战能力。这种高效聚合能力主要是依托信息与信息系统的"黏合剂""催化剂""智能化"作用，达到"倍增器"的效果。

（1）"黏合剂"作用

"黏合剂"作用体现在体系中各作战要素、作战系统间能够实现成熟的"连通性"和"渗透性"，相互连通、相互支持、相互依赖，从而形成一体化的、完整的作战体系。这种连通性与渗透性能够实现异构系统的黏合，它与传统的黏合不同。机械化条件下的黏合主要通过通信系统连通情报侦察与指挥控制，无法实现对武器装备物化的连通；同时，空间分割导致纵向形成军种，战斗力只能分割计算，单元的集成只能体现功能的简单叠加。

基于信息系统的作战体系由一组网络构成，它是以指挥控制网络为中枢、以战场传感器网为源头、以信息基础设施为依托，与武器装备有机结合构成火力网，并按照一定运行机制和内在联系集成的体系，是维系联合作战体系的"血脉"。信息化条件下网络的支撑作用，主要表现在依托信息网络，实现横向到边和纵向到底的贯通，并通过网络的链路和流程，实现战斗力的聚合和涌现。

（2）"催化剂"作用

"催化剂"作用体现在各种作战要素、作战系统一旦通过信息系统形成高连通性、高渗透性的作战体系，将会产生许多新的属性，为更先进的作战思想、更高级的作战目标和更严格的作战要求提供必需的物质基础，从而为创新的作战样式的涌现提供条件，进而引发战斗力生成模式的深刻变革。

例如 2011 年以来，美军和以军先后有多架无人机几乎无损伤地"坠落"在伊朗境内，其中还包括一架被称作"坎大哈怪兽"的最先进隐形无人机。从机理上分析，这是对无人机的导航定位进行信号干扰欺骗，达到误导敌机、接替指挥目的的一种信息作战样式，无疑是信息系统催生的新质作战形态。

• 经典案例

– 美军刺杀苏莱曼尼 –

2020 年 1 月 3 日，美军刺杀伊朗特种部队高级指挥官苏莱曼尼少将。美军利用线人、侦听电子设备、侦察机等多种途径和手段进行情报侦察，准确获得了有关苏莱曼尼的高度机密信息，对苏莱曼尼的一举一动早已严密监控，然后由美军联合特别行动指挥部执行空袭任务。执行此次"斩首"行动的是名为"死神"的 MQ－9 无人机。特朗普的斩首令下达后，美军部署的无人机迅速升空，当车队行至机场外机动车道时，四枚激光制导"地狱火"导弹从天而降，两枚导弹击中苏莱曼尼的专车。苏莱曼尼当场身亡，只能根据其平时佩戴的戒指辨其身份。"斩首"行动后，美军迅速向中东地区增兵 3 000 人，多艘舰艇驶往中东地区，并加强了中东地区美军的警戒级别，同时将伊朗的52 个目标列为打击目标，打击行动和善后行动连接非常紧密。此次行动出动了一架"死神"无人机，实现了即时摧毁，颠覆了传统作战样式，是未来智能化战争形态演变的"催化剂"。

（3）"智能化"作用

"智能化"作用体现在指挥控制过程当中，依托信息系统综合集成各要素、各系统，形成更高级、更智能的人机体系，提高指挥人员在认知域形成一致态势认知并达成一致作战意图的能力，从而实现作战要素、作战系统之间的高度协作。

早在1989年钱学森就提出了开放的复杂巨系统及其方法论，即从定性到定量综合集成研讨厅。其实质是将专家体系（指挥员）、数据和信息体系以及计算体系三者结合起来，构成一个高度智能化的人机系统。其本质特征是"人在回路中"。按照传统的说法，把一个复杂事物的各个方面综合起来，以达到对整体的认识，那就是"集大成"的智慧，所以，钱学森把综合集成研讨厅形象地命名为"大成智慧"工程。

一方面，在"大成智慧"的综合集成研讨环境中，实现了信息共享，使获得公共态势图成为可能，有助于更多的作战人员更迅速地了解更多态势，这具有潜在的增效影响。从本质上讲，信息共享能有效地改进信息融合，而信息融合将明显地改进信息优裕度或信息质量。

另一方面，在这个综合集成研讨环境中，提高了共享信息的质量，并促进了合作，共享感知是更深层次协作的结果。因此，"智能化"体现的是指挥人员在综合集成研讨环境中，不仅要以自然的人机交互方式共享高可视化的战场态势图，还要能够提供协作开展定性定量相结合态势评估和作战筹划的研讨能力，这种协作最终有助于实现作战行动的自同步。

（4）"倍增器"作用

"倍增器"作用是信息系统"黏合剂""催化剂""智能化"作用于体系作战能力的综合体现，凸显信息流对物质流与能量流的主导作用，表现在信息流连接和引导物质流、释放能量流，信息链支持指挥链、控制打击链、形成杀伤链，从而发挥单个系统所不具备的整体作战效能，即"1＋1＞2"的作用。

"倍增器"作用主要通过信息能力体现，核心要义是信息主导。信息能力作为战斗力的核心要素，它的基础性、主导性作用主要体现在三个方面：一是信息优势保障决策优势，二是信息赋能实现精确打击，三是信息对抗夺取综合控制权。美军曾运用军事价值链的评价方法，从物理域、信息域和认知域三个层面，就信息优势、决策优势和战斗力三个方面，对几个作战案例有无信息系统支持进行了定性定量相结合的评估，评估结果是有信息系统支持的军队的优势和战斗力都至少是没有信息系统支持的两倍。

更有甚者，可以通过信息系统所获得的信息优势达到"不战而屈人之兵"的作用。典型的案例就是 1995 年的波黑战争，包括美军在内的北约部队依靠陆、海、空、天的立体化的侦察网络获取了塞族军队的全部目标信息，并生成了详细的战场态势图。美军就是通过向塞族军队领导人展示这个战场态势图而表现出的强大的信息优势，迫使塞族军队不得不按照北约的条件签订了《代顿和平协议》。欧洲军事评论界认为，这开创了依靠现代信息系统所获得的信息优势达到"不战而屈人之兵"效果的先河。在这些战争经验的基础上，美军明确提出了信息能力可作为威慑力量使用的"信息伞"概念，认为"信息伞"比核保护伞更具现实的威慑力，是实施联合作战的强有力的手段。

（5）客观正确地认识信息系统的作用

信息系统有时也是双刃剑，发挥得好就是"倍增器"，发挥得不好就是"倍减器"。有人认为，当网络把一支军队和它的能力紧紧焊接在一起时，它的优势和劣势会一样明显。

美军通过陆军第 5 军及第 3 机械化步兵师在"伊拉克自由行动"中的实践，对网络中心战进行案例研究与分析，形成的研究结论和意见值得借鉴。报告指出：其实所谓"高度网络化的部队"的信息化程度还远远谈不上"高"，不过信息系统的连通性确实增强了作战效能，帮助优秀的指挥官更迅速地判断和决策，但是它不会替代传统的作战系统，也不会替代传统行动计划、演习和演练，更无法替代具有优秀指挥领导能力的各级指挥官。因此，我们需要客观正确地认识信息系统的作用。

4.1.2 基于信息系统的体系作战能力的内涵

体系作战能力是对整体作战能力具有信息化时代特征的创新性表述，可以理解为体系化的作战能力，它是分布的作战单元在统一作战使命的支配下，通过单元间的自同步行为形成的统一整体能力，通过整体的"涌现"行为实现其使命目标。

可以认为：基于信息系统的体系作战能力，是信息化条件下战斗力的基本形态，是指运用信息系统，面对战场使命、任务、环境和体系的复杂性，把各种作战要素、作战系统融合起来，形成的集综合感知、实时指控、精确打击、全维防护、聚焦保障于一体，并具有鲁棒性、适应性、弹性、灵活性、敏锐性、创新性和更高效能的整体作战能力。对于上述概念的基本内涵，可从五个方面认识。

1. 核心要义是信息主导

从古到今，打仗都离不开信息，但信息在不同时代战斗力中所起的作用不同。冷兵器和热兵器时代，信息获取和传递手段落后，信息来源渠道少、内容相对简单。机械化时代，信息逐步渗透于指挥控制、武器平台和作战行动，但其作用主要体现在指挥通信上。进入信息时代，信息内容得到了极大丰富、品质得到了极大改善，存在形态、运用形式发生了深刻变化，无所不在地融入战争决策和实施的各个环节之中。信息作用由服务决策为主拓展到主导行动、控制武器，信息资源由分散掌握、有限利用发展到深度融合、共享使用，现代信息技术可以对海量信息进行综合处理和快速传递，能够做到在恰当的时机、将恰当的信息、以恰当的方式提供给恰当的用户。信息能力作为战斗力的核心要素，它的基础性、主导性作用主要体现在以下三个方面。

（1）信息优势决定决策优势

信息感知由三维向多维、有形向无形、概略向精细、静态向动态扩展，在海量信息中挖掘有用信息并高效使用，使战场相对透明，实现先敌决策、扬长避短、先机制敌。

（2）信息赋能实现精确打击

信息与火力的融合极大提高了武器装备的智能化水平，彻底改变了传统战争中作战效能控制和释放的模式，使行动更加精准和高效。精确制导武器之所以可以精确命中目标，是因为在导弹中嵌入了精确制导信息系统，同时有精确的目标、导航、气象等信息保障。

（3）信息对抗争取综合制权

信息化条件下，信息对抗贯穿作战全程，覆盖全维作战空间，渗透于各种作战行动中。以侦察情报对抗、通信对抗、网络对抗、导航对抗等为主要内容的信息对抗，是夺取制空权、制海权和陆战场机动控制权的支撑，也是瘫痪敌侦察预警、指挥控制、导航定位、信息传输系统的重要手段，成为争夺和保持综合控制权的先决条件。

2. 基础支撑是信息网络

信息网络，或者叫网络系统，是以指挥控制为中枢、以战场感知为源头、以信息基础设施为依托，并与武器装备链接，按照一定运行机制和内在联系集成的网络化信息系统，是维系联合作战体系的"血脉"。网络的支撑作用，主要表现在三个方面。

（1）依托信息网络统合作战力量，实现力量统一运用、信息统一处理、行动统一协调；

（2）依托信息网络调控作战资源，合理控制信息流量、流向、流速，协调运用机动、火力、防护、保障等作战资源，在决定性时间和决定性地点形成决定性优势；

（3）依托信息网络耦合作战功能，链接侦察预警、指挥控制和武器系统，实现从传感器到射手的无缝链接，达成信息火力一体、指挥控制精准、作战空间衔接和综合保障配套，形成整体大于部分之和的最佳效能。

通过信息网络的上述支撑作用，达成物理域、信息域和认知域多种能量的聚集，实现"网聚能力"。物理域是在陆、海、空、天、电五维战场机动和攻防的领域；信息域是信息产生、处理、增值和共享的领域；认知域是形成意识、理解和决策的领域。在物理域，通过信息网络连通侦察预警、指挥机构、作战平台和支援保障系统等要素，使广域分布的火力、机动力、防护力达成动态实时的网络连接，形成一体化的力量体系；在信息域，通过信息获取、传输和融合处理，使不同作战空间、不同军兵种部队、不同作战手段共享统一的战场态势信息，驱散"战争迷雾"，达成作战行动的实时掌握和精确控制；在认知域，不同层次的指挥员、战斗员，按照统一的军事思想、文化理念、作战规则和行动意图，对网络化作战方式和共同战场态势形成统一认识，达成共同理念认知和联合行动同步，实现作战能力的内在融合和集中涌现。

3. 生成模式是体系增能

体系作战能力的生成模式，是指作战能力由小到大、由弱到强、由潜在到显现逐步发展的相对稳定、普遍遵循、共同追求的模式化做法。

自有军队以来，人们始终在努力探索提高作战能力的最佳模式。冷兵器战争时代，主要是提高人员体能和技艺，增加人畜数量，改良兵器材质和式样；热兵器战争时代，主要是增加枪炮数量，提高火器射程、射速和精度；机械化战争时代，主要是增加兵力兵器数量，提高作战平台技术性能与人员的操作技能。这些作战能力的生成模式虽然不尽相同，但从总体上看，大多是通过扩大数量规模来提高战斗力的，因此可以概括为"数量规模型"。随着高新技术的广泛应用和战争形态的演变，单靠数量优势已无法弥补质量上的差距。进入信息时代，最大的战斗力质量效能集中体现为作战体系的整体效能，核心手段是构建以信息系统为支撑的作战体系，形成体系作战能力，提高整体作战效能。这种信息化条件下作战能力生成的基本模式，可概括为"体系增能型"。

所谓体系增能，重点是指挥流程再造和作战力量重组。在指挥流程再造上，主要是实行重组重塑优化体系结构与功能。就平时体制编制而言，关键是形成规模和比例适当的军兵种力量结构，建立高效顺畅的领导指挥体制，构建以信息化主战武器为骨干的装备体系和满足联合作战需要的保障体系，为生成体系作战能力打好基础。就战时编成编组而言，关键是根据作战需要，按照一定的内在关系和运行机制，把各种作战要素、作战单元、作战系统有机组合起来，确保临战构建的作战体系结构合理、功能齐全、整体高效。在作战力量重组上，主要是利用信息和信息技术改善物质基础。信息和信息技术的运用，可以通过提升武器装备信息化水平、优化作战力量结构、推进军事训练转变、提高官兵科技素质、加快军队管理与保障方式变革等途径，使作战要素、作战单元、作战系统提升现有能力、获得新的能力、激活潜在能力，进而实现作战能力整体跃升。

4. 基本方法是综合集成

信息化条件下的作战体系是一个复杂巨系统，要求要素高度融合、功能优势互补、运行协调有序，具有自适应和再生重组能力。形成体系作战能力必须坚持统筹设计、分类建设、综合集成的方法，走开"从系统到要素再到系统"的路子。自上而下的整体设计是前提，用明确的作战需求统领系统结构设计和工程技术设计，科学定位各领域、各层次功能作用，优化各系统、各要素相互关系，从源头上防止作战体系结构不合理、功能不先进、系统不完备；统筹协调的分类建设是重点，按照作战和保障功能统筹区分要素建设任务，按照作战运用要求统筹区分配套建设任务，按照统一的技术体制和数据标准统筹区分各领域的建设任务，防止分散建设、重复建设、效益低下；由点到面的集成融合是关键，通过单元合成、要素集成、体系融合，由小系统到大系统逐级、逐类综合集成，最终形成体系作战能力。

5. 作用机理是精确释能

作战能力的作用机理，就是作战能力发挥作用的过程和原理。不同战争时代，由于科学技术水平、作战力量构成、作战方法手段等存在显著差异，作战能力的作用机理也不同。在以往时代的战争中，交战双方的作战能力主要表现为兵力兵器的数量规模，因此战胜敌人就必须大量杀伤其有生力量、严重破坏其战争物质基础，通过力量的敌消我长赢得战争胜利。随着信息技术的发展，作用机理转变为依靠己方作战体系的综合优势，精确打击敌方作战体系要害，高效释放整体作战效能，通过瘫体夺志赢得战争胜利，也就是击敌要害、破敌体系、瘫体制胜。信息化条件下，信息网络遍布战场多维空间，使信息流主导物质流、控制能量流成为可能。先进的侦察感知技术，可实时准确地掌握战场态势；网络化的作战体系，可快速精准地调集作战资源；多种信息化作战手段，可选择最恰当的打击方式，将作战能量释放于最恰当的目标和部位，从而使精确高效释能成为体系作战能力释放的基本方式。以往强调"超常加强""杀鸡用牛刀"的用兵方式逐步被"合理够用"替代，"狂轰滥炸"的打击方式逐步被"精确打击"替代，"杀敌三千，自损八百"的作战效果逐步被己方接近"零伤亡"替代。作战能力的作用机理由"力量消长、粗放释能"演变为"体系对抗、精确释能"，是战斗力发展的历史性进步。

4.2　基于信息系统的体系作战能力生成机理分析

基于信息系统的体系作战的制胜关键就是通过信息域、认知域的深度联合，在信息域和认知域具有强于对手的作战能力。这些能力主要体现在两个方面：一是信息域的信息优势，即通过信息系统更快、更好地获取并处理更多的信息，形成强于对手的战场感知态势，并通过信息共享将态势信息及时分发给所有有需要的作战单元。二是认知域的决策优势，即借助所获得的强于对手的态势优势，依托信息系统，所有指挥控制单元通过交互协作可以形成对战场态势的统一认知，准确判断敌人的作战企图和未来战场的可能发展方向，并形成全局统一的作战决策和作战计划。

这样，通过信息优势的全程获取和整体功能的发挥，基于信息系统的作战体系最终实现打击力、信息力、机动力、保障力的高度聚合和精确释放，从而在作战行动中取得优势。

4.2.1　信息优势及影响因素分析

1. 信息优势的定义与内涵

何谓信息优势？美国的权威性军事文件几乎都对信息优势进行了界定，这些定义大同小异。例如，1998 年版美军《联合信息作战条令》认为："信息优势是指使己方拥有不间断地收集、处理、传递信息的能力，同时剥夺敌方的这种能力。"又如 2001 年版美陆军《作战纲要》指出，信息优势是"在敌方无法不断地收集、处理和分发信息的同时，使己方有这种能力，并达成作战优势"。总之，有关信息优势的定义都存在着一条相同的底线，即随时随地地获取更多的信息，同时使自身信息的损失更小。概括来说就是：（己方）收获最多，失去最少。

由此可见，信息优势是一种优于对方的、处于相对信息有利地位的能力，是信息域中有利于一方的不平衡状态。因此，本书中信息优势的定义为：己方系统在进行信息收集、处理及分发过程中使用信息和保护信息的能力。

信息优势应当具备以下特性。

（1）信息优势是相对的

在信息作战中，信息优势是敌我双方在信息领域的争夺中，一方优于另一方的能力。双方力量对比上不构成对等或对应关系，一方占有压倒性优势，这是信息优势本质特征的反映。拥有信息优势且信息力量运用恰当，不仅可以有效地实施"信息垄断""信息威慑"，还可以提供"信息支援"和"信息保护伞"，使受到支援和保护的作战力量获得巨大的军事优势，从而成倍地提高战斗力。

（2）信息优势体现在信息全过程

敌我双方在信息域的争夺中，一方拥有的信息优势应该体现在信息收集、信息传输、信息处理和信息使用的全过程中，只是在信息过程中的某一个或几个环节具有优势，通常难以获得真正的信息优势。因此，要获得信息优势必须针对信息全过程，加强相关系统的建设。

（3）信息优势具有动态性

信息优势在作战双方力量的比较、竞争、对抗中产生。因而，它可以是持久稳定的，也可以是暂时的；可以存在于整个作战区域，也可以只存在于局部作战空间；可以通过减少己方信息需求或增加敌方信息需求的方法来实现，也可以通过信息战、信息安保以及信息的获取与利用之间的相互作用来实现。在信息作战中，敌我双方对抗性增强，任何一方想长期在全作战区域内获得信息优势都比较困难，因此，信息优势的拥有权会在不同的时段、不同区域内发生变化，即绝对的、持久的信息优势是不可能的。

在对信息优势的特性进行分析后，就不难知道拥有信息优势所应具备的能力了。信息优势方应当具有：军队的核心能力，而这种核心能力的关键是拥有"交互式作战空间态势感知与共享能力"；比敌方更全面地掌握战场空间情况（包括敌我双方的态势和意图）的能力；比敌方更先进的天基信息系统，有阻止敌方利用太空威胁己方的能力；比敌方更强的情报收集与评估能力、侦察与监视能力、信息传输与通信能力，以及信息处理与指挥控制能力；比敌方更强的信息防护能力，能确保己方各种传感器、通信和信息处理网络系统不被敌方干扰、破坏和利用；比敌方更胜一筹的信息进攻能力，如能用软、硬手段，影响、干扰、削弱、破坏或摧毁敌方的信息系统。

信息优势可以通过三个相互依赖的活动取得：情报、监视和侦察，信息管理，信息战及相关活动。情报、监视和侦察收集数据并产生情报，信息管理在指挥控制系统内分发和使用相关信息，信息战则应用这些相关信息保护己方的指挥控制系统，攻击敌方的指挥控制系统并营造信息环境。它们都是达到和保持信息优势所必需的，具体可通过以下途径获得。

己方指挥自动化系统比敌方系统具有更实时、更准确、更有效地收集、处理、分发信息的能力；

通过对己方的信息防护，使己方保持获取、传递和使用信息的自由，使己方的整个作战系统保持快速反应的敏捷性和整体作战的协调性；

通过攻击敌方的侦察监视系统，压制或剥夺敌方的信息探测能力，加重敌方的"战争迷雾"，使其"耳目失聪、失明"，无法及时、准确地了解战场态势的发展变化，削弱和剥夺其观察和决策的能力；

通过攻击敌方的通信系统和信息中心，摧毁敌方的指挥控制系统或使其瘫痪，割断敌指挥系统与部队和武器系统的联系，削弱和剥夺其对部队和武器系统的指挥、控制能力；

通过对敌方的指挥自动化系统的综合性打击，瘫痪敌方的整个作战体系，粉碎敌方的抵抗意志，从而使己方在较短的时间内，以较小的损失，获得较大的作战效益。

总之，信息优势是一个相对的概念，它的价值是由它所带来的军事行动的效果来衡量的，在现代战争乃至未来战争中，它都是决定战争胜负的一个关键因素。

2. 与信息优势相关的概念

（1）信息优势与网络中心战

网络中心战的实施过程分别隶属于与之相应的三个领域：物理域、信息域和认知域。网络中心战的实施过程可以体现出四种优势：兵力优势、信息优势、决策优势和交战优势。其中兵力优势属于静态优势，而信息优势、决策优势和交战优势则是将静态优势与军事行动相结合而形成的动态优势。四种优势与三个领域密切相关，并且和体系建设、战场感知、指挥控制、火力打击四个基本环节紧密地联系在一起，通过资源整合、信息共享、快速决策、协同交战四项基本措施得以实现。

网络中心战实质上是一种能够获得信息优势的作战概念，即通过传感器、决策者以及共享设备联网，实现感知共享，提高指挥速度，加快行动节奏，增大杀伤威力，提高生存能力，获得一定程度的自同步性，从而提高作战威力。从本质上讲，网络中心战就是通过战场空间中的知识化实体（knowledgeable entities）的有效联系，将信息优势转化为战斗力。从网络中心战的价值链（如图 4 - 1 所示）可以看出，网络中心战最终的价值大小与系统信息优势水平的高低有紧密联系。只有当系统具有较强的信息优势水平时，信息域和认知域中才会有高质量的信息，才会出现高度的共享能力和安保能力，系统间的交互作用才会越大。系统具有这样的信息优势水平才能确保物理域中的各个作战单元具有较高的作战效率和灵活性，并最终实现战争的胜利。

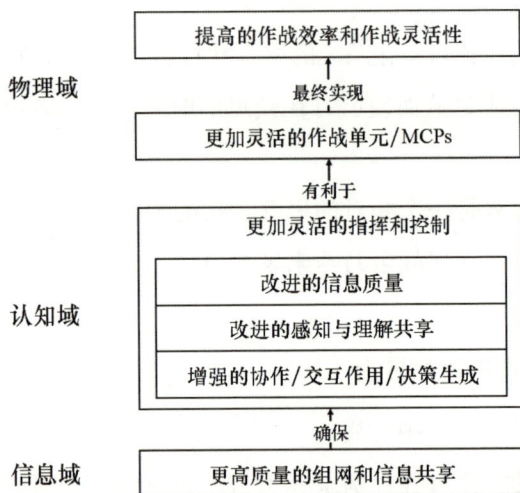

图 4 – 1　网络中心战的价值链

（2）信息优势与全球信息栅格

全球信息栅格（GIG）的概念源于对自动化信息系统的互操作性和端到端一体化的考虑。然而，GIG 的真正需求是由信息优势和决策优势的需求驱动的，以便实现美军《2020 年联合构想》中描述的全谱主宰。

美军早在 1999 年就正式提出了建设"全球信息栅格"的计划，其目的是将其分布在世界各地（包括美国本土）的所有天基、空基、地基和海基电子信息系统与网络连接成一个无缝的大网，创建一个覆盖全球的以网络为中心的信息环境，以实现从平台中心战向网络中心战的过渡，通过信息优势和决策优势，最终赢得战争。

由上面的介绍可以看出：GIG 是网络中心战的框架，网络中心战的一切活动都是在 GIG 中展开的。由于网络中心战的目标是将信息优势能力转化为作战单元的作战能力，从而实现最终的战争胜利，作为关键的评估指标，信息优势必然存在于 GIG 的实际运作流程中，是实现决策优势乃至最终的全谱主宰的基础。

2011 年，美军基于安全性考虑，对整个 GIG 重新设计，提出了美军联合信息环境（joint information environment，JIE）。其技术实现由美国国防信息系统局（DISA）主导，是一个统一、联合、安全、可靠和敏捷的指挥、控制、通信和计算企业信息环境。美军的目标是使得 JIE 包含所有的国防部网络，利用 JIE 使所有的军种实现互联互通，以安全、高效的方式为作战人员提供所需的信息服务，实现"3 个任意"的愿景——美军作战人员能够基于任意设备、在任意时间、在全球范围的任意地方获取所需的信息，以满足联合作战的需求。

3. 信息优势的影响因素分析

信息优势的影响因素与物理域、信息域及认知域中的活动相关。物理域通过侦察监视系统一方面向认知域提供一些直接观察的结果，另一方面也向信息域提供大量的数据、信息或知识，而后在信息域中对这些数据、信息进行处理，得到有用的知识，并将这些知识与世界观、个人知识、经验教训等一起传递到认知域中，最后在认知域中生成态势理解、感知和评估以及最终的决策结果。三者间的关系如图 4-2 所示。

物理域是军队意图影响的态势存在的领域。它既是在陆、海、空与太空环境中实施打击、保护和机动的领域，也是物理平台以及连接物理平台的通信网络所在的领域。相较而言，这一领域的元素是最容易度量的。因此，传统的战斗力度量主要集中在这一领域。在实际的分析和模拟中，物理域具有真实性这一特性。

信息域是信息存在的领域，它既是信息生成、处理与共享的领域，也是促进作战人员之间进行信息交流的领域。由此可以看出，信息域是现代军队指挥控制命令传输的领域，指挥员的意图在这一领域得以传递。存在于信息

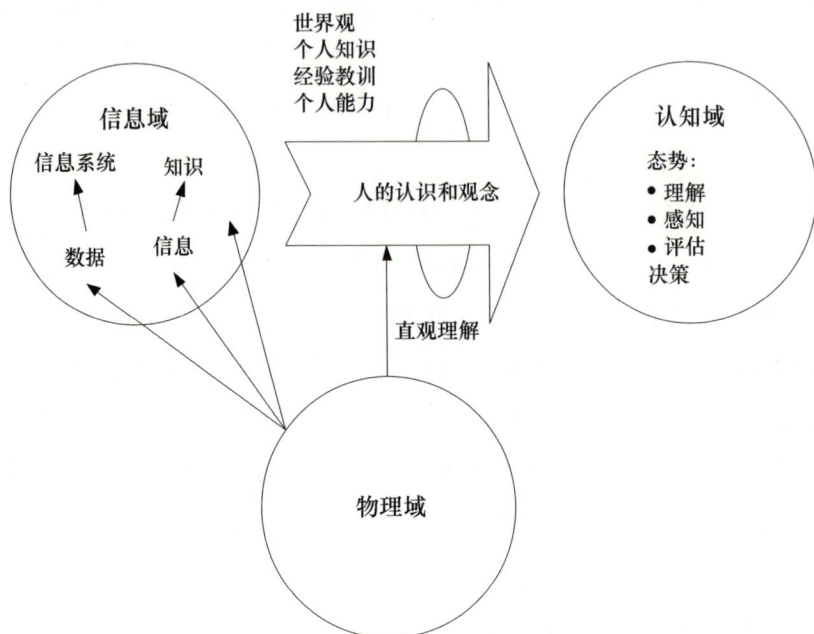

图4-2 与信息优势生成相关的域关系图

域的信息可能确切地反映了真实情形，也可能没有反映真实情形。例如，传感器观察现实世界并产生输出（数据），该输出存在于信息域。除传感器直接观测的信息外，其他关于世界的信息都来源于人类与信息域的相互作用。同时，正是通过信息域，人们之间才能得以相互交流。由此，在争夺信息优势、取得制信息权的未来战争中，信息域成为战争的焦点。信息优势集中体现在信息域中。

认知域存在于参战人员的头脑中。这是感知、晓知、理解、信念以及价值观存在的领域，是通过推理分析做出决策的领域。认知域是众多战争胜败实际发生的地方，这是一个无形因素领域，这些无形因素包括领导才能、士气、部队凝聚力、训练水平与经验水平、态势晓知，以及公众舆论。这个领域是理解指挥员（决策者）的意图、条令、战术、技术与规程的领域。尽管关于认知域的著述很多，对这一领域特性的度量却少有描述，因为它的每一个子域都是独一无二的，很难对其进行度量。

（1）信息收集过程中的影响因素

信息收集指的是军事信息系统的侦察监视系统对敌方作战区域的信息收集，并将收集的信息传递到信息域中，给出侦察监视系统所能获取的各种情报信息的过程。显而易见，信息的收集过程产生在物理域中。参与该过程的对象有人员及各种侦察监视系统，如雷达、卫星（民用或军用）、红外传感器等。该过程对信息优势的影响主要体现在信息的质量方面，主要包括五个部分。

● 作战人员收集信息的技能、识别数据信息的本领直接影响信息的质量。

● 侦察监视设备的故障率和稳定性也间接地影响着时序信息的质量。故障率越低、稳定性越好，所获取的时序信息的质量就越高。

● 侦察监视系统性能直接影响信息质量。侦察监视系统性能越高，信息质量越高。如雷达系统的分辨率越高，探测到的信息质量就越高。侦察手段越多，探测区域越大，通过多传感器信息融合处理，在敌对环境中，感知真实战场态势的可能性就更大。

● 对敌方重要对象、重点区域的侦察是否深入也是影响信息质量的一个重要因素。

● 连续的信息是影响信息质量的重要因素，信息优势定义中的关键词"不间断"，即是强调连续信息在信息形成过程中的重要作用。

（2）信息处理过程中的影响因素

信息处理指的是系统对从物理域中收集到的信息进行信息融合，并将得到的信息传递给认知域的过程。这一过程是在信息域中进行的。参与该过程的主要对象有系统人员、各种信息处理设备、系统软件等。该过程对信息优势的影响主要体现在信息质量、信息共享能力与信息安保能力三方面。

对信息处理过程有重大影响的因素主要有两个：人员的操作水平（包括知识水平、操作技能及速度），参与处理的工具、仪器设备的可靠性和故障率。信息处理过程中的工具与仪器的可靠性对信息安保能力有重大影响。系统的可靠性越高，信息安保能力也就越强。另外，考虑信息安保能力时，应重点关注系统应对外界各种硬摧毁的防御能力。此外，信息安保能力还体现在系统信息的安全性和保密性。信息的安全性主要指信息应对外界对我方信息进行各种软打击时的防御能力，它与系统的防御性密切相关。

（3）信息分发过程中的影响因素

信息分发指的是对信息域中的信息处理过程所产生的信息，根据各作战单元或其他系统的需要而分发传递的过程。参与该过程的对象有系统人员（包括决策人员）、系统分发工具（如传真机、电脑、雷达、卫星以及各式传感器）等。信息传输能力或互联互通能力是决定信息共享的关键因素，因而直接影响到信息优势的形成。信息传输结果的好坏说明了该过程的信息共享能力的强弱。系统间传输的信息数量越多、质量越好，则信息共享能力越强。

4.2.2 决策优势及影响因素分析

1. 决策优势的定义与内涵

决策优势也被称为认知域优势。北约在《信息优势和北约网络驱动能力》一文中将决策优势描述为"指挥员能够迅速而有效地获取情况感知和评估方案，然后做出决策并执行的状态"。2003 年，美国国防部给出了决策优势的定义："能够达到更好地决策并且在对手做出反应之前执行的状态，或者在一个非作战环境中，部队能够形成作战态势或对变化做出反应和完成任务的速度。"这两种对决策优势的描述都强调了快速的决策和执行，因此可以简单地将决策优势定义为：以快于对手的速度，做出正确决策和实施决策的能力。

信息时代的决策优势体现在网络化的知识共享和群决策机制上，这明显有别于传统的作战方式。当前，西方军事正在形成一种依赖敏锐的态势感知的战略、概念和构想，联合作战成为未来信息化战争的主要形式。在网络中心化概念下，军队的指挥决策将依赖于广泛共享的信息和知识。在占据信息优势的前提下，信息将如何演化为知识，决策组织间如何通过高效的协作而快速安全地共享知识，这些知识将如何影响到最终的战场行动，很大程度上取决于决策过程以及决策本身的质量。决策优势的内涵就是如何提高决策质量，更好地将信息优势转化为作战效果。

影响决策质量的因素非常多，如受当时作战环境条件的限制，来源于各种传感器、情报源或信息处理设施的信息，难免会存在不精确、不准确或不完备的情况。通过一体化联合作战各作战实体间的密切协作，可以减少来自多信息源信息的不确定性，从而加强指挥员所拥有知识的准确性与完整性，进而为赢得决策优势创造条件。

2. 信息优势与决策优势

决策优势是以快于对手的速度做出决策和执行决策，从而使局势向有利于己的方向发展。信息优势和决策优势是紧密相关的两个概念，在信息作战中对战争的胜负起着至关重要的作用。

（1）战场信息优势不等于指挥决策优势

现代信息获取技术和传递技术空前发展，使战争中作战指挥决策面临着前所未有的挑战。战场信息优势为指挥员进行决策奠定了较好的物质基础，但是庞大的信息量处理起来是比较困难的。德国军事理论家、军事历史学家克劳塞维茨认为："战争中得到的情报，很大一部分是互相矛盾的，更多的是假的，绝大部分是相当不确实的。"在信息化战场上，信息的来源将是多手段、多渠道的。各种侦察手段的综合运用，使得信息非常庞杂，指挥员对敌情做出正确判断的难度剧增。而且，在信息化战场上，信息网络线路延伸到战场的每一个角落，这也使战场信息容量增多、流量加大，造成信息泛滥，部队过分依赖信息，指挥单一。有时无信息优势的一方反而可以将更多的精力用于考虑作战运用上，有可能更好地把握战机。所以，战场信息优势是实时、动态的优势，是能够为决策提供所需的实时信息的能力，而不是单纯的量的优势。

（2）信息优势是决策优势的基础

决策优势是以快于对手的速度评估态势、识别目标、制定各种作战方案、确定作战方案、发送命令和监督部队执行。它是对信息优势有效利用的结果，是谋求信息化战场优势的"第二步"，也是保障信息优势向行动优势转化的纽带和桥梁。

此外，信息优势为决策者做出快速而准确的决策提供了强有力的支撑和帮助。信息优势与决策优势一样，都立足于信息战和网络中心战，为战争取得全局的胜利提供保障。

总之，信息优势是决策优势的基础，拥有信息优势不仅可以使战场更加精确透明，而且有利于决策者进行科学的决策。因此，没有信息优势就不可能拥有决策优势。

（3）信息优势可以转化为决策优势

实践表明，单纯的信息优势，并不能实现"战场透明"。相反，过量的信息有可能会造成新的"战争迷雾"。因此，在具有一定的信息获取与传输能力后，实现由信息优势向决策优势的转变，就显得尤为重要。美军在《2020年联合构想》中就明确指出，只有当信息优势被有效地转化为决策优势时，信息优势才能够转化为实际的战斗力。

要使信息优势有效地转化成决策优势，首先要以加快信息流动为着眼点，以信息的互联、互通、互操作为标准，本着联合、精干的原则，建立结构合理、机构精干、功能齐全、关系顺畅的指挥机构。其次要以各种有效的方式，在物理域展开以摧毁敌方指挥机构和设施为重点的火力战，破坏敌方决策体系的稳定性，从根本上降低敌方向决策优势转化的能力；在信息域展开以控制"信息流"为重点的电子战、网络战，全面干扰和破坏敌方的指挥自动化系统的辅助决策能力，使其不能正常工作；在认知域展开以攻击高层次决策指挥人员为重点的心理战，从而降低指挥员的决策能力。最后是己方的指挥机构要始终注重提高对信息的处理、加工、解读与选择能力，真正做到及时发现高价值信息、挑出疑点信息、抓住决断信息、辨别真假信息、智取所需信息。

信息优势要转化为决策优势和行动优势，离不开指挥员对作战环境的充分把握、对信息力量的灵活运用。尽管信息日益重要，但信息优势只是影响指挥活动和作战行动的诸多因素之一。如果战略指导错误，以拙劣的战役或战术行动计划为依据，信息优势也就失去了其价值。在 1944 年 10 月莱特湾的军事行动中，美国海军上将威廉·哈尔西几乎败给了武器低劣的敌军而蒙受耻辱，成为拥有信息优势但仍然决策失误的典型。

3. 决策优势的影响因素分析

从一般的决策过程看，制约或影响决策的各种因素可以分为三类：一是外部因素，如决策所拥有的信息、任务的特性等；二是决策机构（个人、团队或组织）的特性，如决策者的知识水平、决策群体的结构等；三是辅助决策因素，如支持决策的知识和信息的数量与质量，决策支持系统的性能等。对现代作战条件下的军事决策而言，由于其任务、环境、目的等的特点与一般的企业和管理决策有极大的区别，因此军事决策既有与一般决策相通之处，也有其自身的特殊性。军事决策的这些特点也影响和制约了决策优势的形成。

（1）决策机构的影响

军事决策是一类特殊的组织决策和分布决策，决策机构规模大、层次多、决策任务多、关系复杂，决策模式（或决策方式）成为制约决策优势形成的核心要素。

组织决策是为了实现组织的目标，由组织的所有成员或组织的部分成员做出的对组织未来一定时期内活动的选择和调整。组织决策是一系列跨越组织功能或等级层次做出的相关决策的综合，各个决策单元在决策时不仅会受到自身能力、经验、信息及资源的限制，还会受到环境、组织文化、个人风格以及时间的限制。

对军事指挥控制来说，指挥机构包含了作战、情报、后勤、通信、装备、气象水文、测绘等职能部门，因此决策机构组成规模大；对于一次大规模的作战，指挥机构包含了从战区、作战集群、作战部队等各层次的指挥组织，因此层次多。不同层次、不同部门的人员面对的决策任务是不相同的，如战区指挥员决策时关注各军兵种如何联合作战实现战役目标，而连排级的指挥员则关注具体的战术动作。因此，军事决策包含了大量决策任务和活动，决策活动间的关系复杂（如情报、气象等的决策结果是作战行动决策的前提）、反馈多。如何进行决策才能满足决策任务对时间、性能、可靠性等的要求？决策模式成为制约决策效率的关键，也是形成决策优势的核心因素。

在信息化作战条件下，决策权进一步分散化，传统的决策模式（方式）已不能满足决策要求。而随着技术的进步，平行决策模式成为可能，而且具有传统决策无法比拟的优势。

（2）知识辅助的影响

知识在军事决策中的作用更加强大，组织知识水平的高低和指挥员个人知识的差异，对决策优势的形成有十分重要的影响。

决策过程是典型的知识利用过程，通常是在对获得的所有信息和知识进行加工的基础上，对外部环境做出相应的反应，决策主体只有在自身知识和外部知识基础上才能对各种方案进行选择和判断。当决策所需要的知识超出知识系统所包含显性知识的范围时，需要结合适当的隐性知识进行决策。当拥有知识的人不具备决策权，或者进行决策的人缺少决策所需要的某些知识时，就会产生知识与决策权不匹配的现象。这时，正如美国学者詹森和麦克林所说的，必须进行知识的转移或者决策权的转移。只有这样，才能最大限度地提高决策的效率。保证知识与决策权结合的基本方法有两种：一是将知识传递给拥有决策权的人；二是把决策权传递给拥有相关知识的人。由于军事决策知识很多是隐性知识，传递的"成本"（时间、费用等）太高，因此在军事决策特别是战时决策，经常采用第二种方式，即把决策权传递给拥有相关知识和相关信息的指挥人员。

（3）信息协作的影响

信息优势是形成决策优势的基础，而信息的流动和共享形成了统一的战场态势和共享的态势认知，因此决策优势的形成除了依赖信息的质量，还依赖信息的协作以及作战协作。

现代信息化战场环境是一种典型的不确定性环境，必须根据战场态势的变化，通过有效地动态调整联合作战结构，优化整合成员个体、物理资源以及信息资源甚至组织结构，快速形成一个以网络为中心、灵活的联合作战体系。在网络中心战环境下，网络节点互连的主要目的就是进行多作战单元间信息的互连、互通和互操作，从而通过有效的信息协作达成系统间的信息畅通，进而通过信息优势以及对由它所转化的决策优势的获取来确保系统的整体作战效能和对抗优势。

4.2.3　基于信息系统的体系作战能力生成过程

在作战中，物理域、信息域和认知域之间存在着密切的关系。物理域中的实体和行为，通过信息域中的系统转化为特定的数据、信息和知识，结合人的作战经验和世界观等主观因素，最终在作战人员的思想意识中形成认知。认知的目的是进行科学、及时、精细、到位的决策，对部队的作战行动实施有效的指挥控制。作战中物理域、信息域、认知域之间的关系如图 4 - 3 所示。物理域和信息域的交叉（界面）主要是侦察探测通信系统，通过该系统监视战场中敌我双方作战行动，提取敌我行动的特征信息，在信息域进行处理，形成战场态势图。而战场态势图则是信息域和认知域的交叉（界面），基于战场态势图，指挥员和作战部队共享信息，并进行认知活动，感知态势、理解态势及预测和评估态势进行作战指挥决策、谋划兵力控制和自同步作战等。

信息域作为物理域和认知域的桥梁

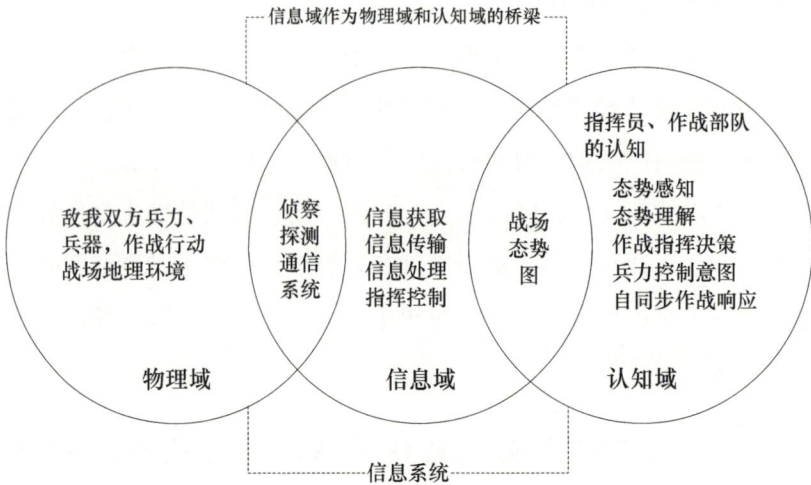

物理域   信息域   认知域

信息系统

图 4 - 3　作战中物理域、信息域、认知域之间的关系示意图

通过分析信息优势和决策优势在作战过程中的特点和作用，可以给出基于信息系统的体系作战能力的生成过程，如图 4 - 4 所示。

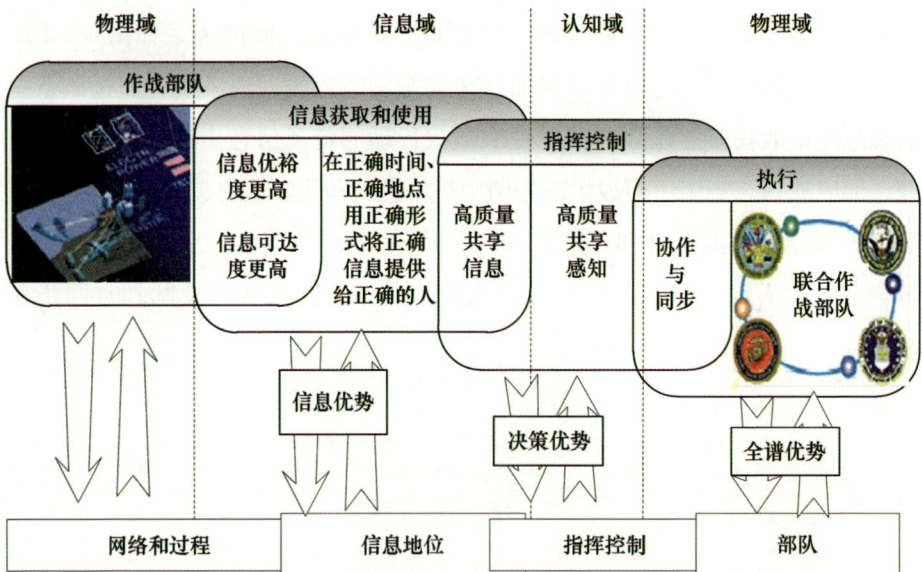

图 4 - 4　基于信息系统的体系作战能力生成过程

物理域中主要通过信息系统实现一体化的作战体系。信息域中主要通过信息系统实现信息共享和信息互操作。认知域中主要通过信息系统实现作战单元的知识共享，形成决策优势。信息系统在物理域、信息域和认知域中对信息优势和决策优势的支持作用如图4-5所示。

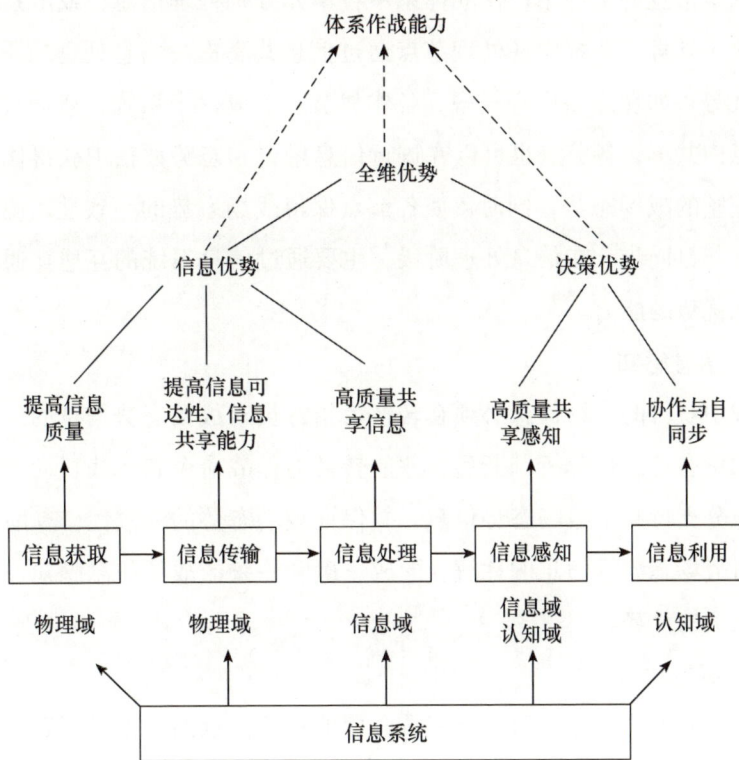

图4-5 综合集成对信息优势、决策优势的支持

（1）信息获取

信息获取主要完成对战场环境以及其他信息的收集功能。军事电子信息系统通过有效的综合集成，实现"1+1>2"的功能。

信息获取阶段主要是通过在物理域中更加合理地使用资源，尽可能发挥各单元的效能，提高信息获取的质量来为获取信息优势打下基础。

（2）信息传输

信息传输主要是借助一体化的信息基础设施，更好地实现作战单元之间的信息交换能力，进而提高它们的信息共享的能力。

（3）信息处理

在共享信息的条件下，作战体系中各单元分别处理信息，或由系统对信息实施统一处理。系统中各处理节点通过信息共享提高信息处理的质量，获得信息优势。如在网络中心战中，各作战节点形成一个系统，战场目标信息在各节点内共享，各节点也可以在进行信息融合和态势评估中获得比以前更准确和完整的战场态势，同时，使各节点保持战场态势的一致性，便于各节点的协作与自同步。在信息处理阶段，主要通过信息系统的互连互通来提高获取信息优势的能力。

（4）信息感知

作战中获得的战场信息必须在转换为指挥员对战场态势信息的理解，并根据对战场态势进行分析判断后，才能转换为作战命令和作战行动。信息系统能够充分支持共享战场态势信息，并保证战场态势的一致性，有助于不同指挥员对战场态势等信息的理解，形成正确和一致的战场信息感知，并由此形成决策上的优势。

（5）信息利用

信息感知上的优势有助于指挥员合理地利用信息制订作战计划，同时利用信息进行打击。由于信息系统中各单元获取了一致的战场态势，因此在实施打击阶段，即利用信息实施打击时，各作战单元能够合理地优化组织结构（作战单元的组成与结构），同时在对作战任务理解一致的前提下，实施协作和自同步。信息利用阶段，主要依靠信息系统实现组织和知识的集成共享来获取全维优势。

4.3 对基于信息系统的体系作战能力建设运用问题的思考

4.3.1 着眼全局和未来战争需求，提高作战体系的整合构建能力

基于信息系统的作战体系的整合构建能力是根据使命任务的需要，把各种作战系统和作战要素有效整合，使其具备执行使命任务的能力。这一能力建设需要前瞻性的战争设计、夯实的信息系统基础平台和有效的运作机制。

1. 以战争设计为牵引，创新构想基于信息系统的作战体系

"一流军队设计战争，二流军队应对战争，三流军队尾随战争。"近几年，世界主要国家推进军事变革步伐明显加快，已进入质变阶段。在转型过程中，美、俄等国家方向明确，信息时代特点凸显，针对国家面临什么样的威胁，确定打什么样的仗、建什么样的军队，以此规划军队未来的建设目标和具体措施。例如美军在论证面临什么样的威胁方面，定期出台《威胁评估报告》《全球安全趋势评估报告》等；在准备打什么样的仗方面，为应对更加频繁的地区性冲突和危机，美军先后制定了战争指标；在确定建什么样的军队方面，美军定期制定《四年防务评估报告》和《四年任务使命评估报告》等指导性文件，以及各军种的建设规划。美军总结反思军队转型和近几场局部战争的经验教训后，着力推进"二次转型"，突出强调要建立"强大稳固的太空力量、安全可信的信息系统、支撑联合作战的信息基础设施"，从"精确化、网络化、一体化"拓展到"太空化、智能化、隐形化"。

2. 以"统""分"为手段，建立模块化作战体系构建的柔性机制

作战体系在不同层次上有不同粒度的信息系统，各信息系统具备独立的功能和使命，在体系构建之前，可以统为小体系，也可以分为独立动作的系

统。体系的快速构建需要各单元、组件或要素"统""分"有度，"分"则各要素与单元可以独立运行，在可以执行使命任务条件下最大限度减少依赖，从而让体系"分"可消弭于无形，"统"可纲举目张，以最有效的途径整合为一体，形成体系作战能力。

作战体系的构建是作战功能和作用的直接体现，要实现作战体系的构建，还面临着许多体系问题，例如现有作战系统/平台的集成问题、新作战系统/平台的规划问题及全新作战体系的构建问题等。因此，需要运用体系工程的方法解决作战体系的构建与演化问题。这里所谓的"体系工程"是解决体系问题的一系列方法和过程，包括体系需求与体系结构设计工程、体系的集成与构建工程、体系的演化与评价工程等，它体现的是学科交叉与系统交互过程。体系工程是对系统工程的发展，但它与系统工程又不同，体系工程不是最优化工程，而是权衡与平衡工程。

（1）作战体系的构建

依据体系工程中体系的集成与构建工程的思想，作战体系构建的是以使命需求为依据，在全局高度上遵循"自顶向下"的分解原则进行作战使命需求的分解，在局部作战单元以及基础设施的同步行为上遵循"自底向上"的聚合原则进行资源的聚合与调整。作战体系构建行为以"体系作战能力"为纽带，联结"自顶向下"的分解工作与"自底向上"的聚合工作，最终形成与使命匹配的作战体系要素。

具体构建过程可以用作战体系概念层次图说明，如图4-6所示。

"自顶向下"原则的实施步骤是：首先进行使命的分解，建立可执行的、具体的作战任务；然后在具体的任务上进行进一步的分解，建立使命执行所需要的各种体系作战能力。

"自底向上"原则的实施步骤是：首先建立作战体系底层单元或基础设施的能力要素；然后依据任务的能力需求进行资源的聚合或调整，以满足作战体系使命的需求。在作战体系"自底向上"的资源聚合与调整过程中，需要进行要素设计（确定自底向上聚合的要素）、结构设计（通信关系设计、信息

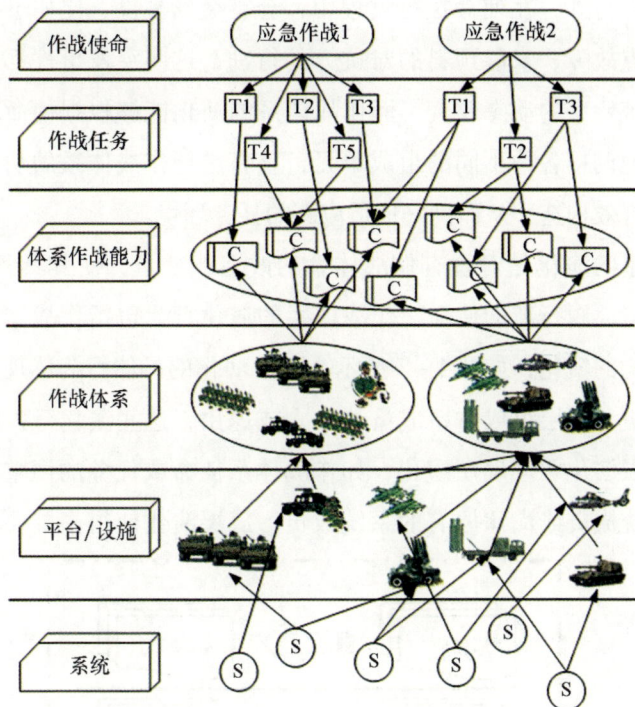

图 4-6　作战体系与体系作战能力构建机理的概念层次图

交换关系设计、态势共享关系设计、指挥协同关系设计）、机制设计（作战过程设计、信息流程设计、军事规则设计）。

（2）作战体系的演化

作战体系的演化是指作战体系能够根据使命环境的动态变化，灵活地调用各种不同的组成单元，重新进行作战体系结构的有效构造，从而良好地适应新的任务环境。

作战体系在行使功能以达成其使命目标的过程中，由于外部环境的变化、作战体系的行动计划和过程的适应性，以及作战体系本身组成及其结构的变迁，其在静态环境下设计的优化结构不能再与当前的实际使命环境相匹配。例如，在不确定环境下作战体系设计者所面对的使命参数（比如任务对组成系统功能的需求）往往不可能准确地获得，一旦使命开始执行，使命参数值会发生变化；另外，在使命执行过程中，会有突发事件，比如子系统平台失效、决策节点故障、未能预料的对抗方的行动，这些突发事件都会引起使命环境或者系统约束的动态改变。而作战体系的演化能够根据使命环境的动态变化，灵活地调用各种不同的组成单元，重新进行作战体系的功能完善及其相应结构的有效构造，从而良好地适应新的任务环境。

作战体系的演化是对现有作战体系的改造或变革，使其具备新的能力、适应新的环境、履行新的使命。作战体系的演化行为包括作战体系的要素演化和体系结构的演化，如图4-7所示。要素演化的具体行为体现在高层使命与任务的变更、底层组成体系成员的加入或退出，这些演化行为间存在互动的关联。高层演化驱动底层演化，如作战体系使命或任务的调整，可能需要加入新的系统成员或淘汰原有的系统成员。底层演化使得高层要素变更，如

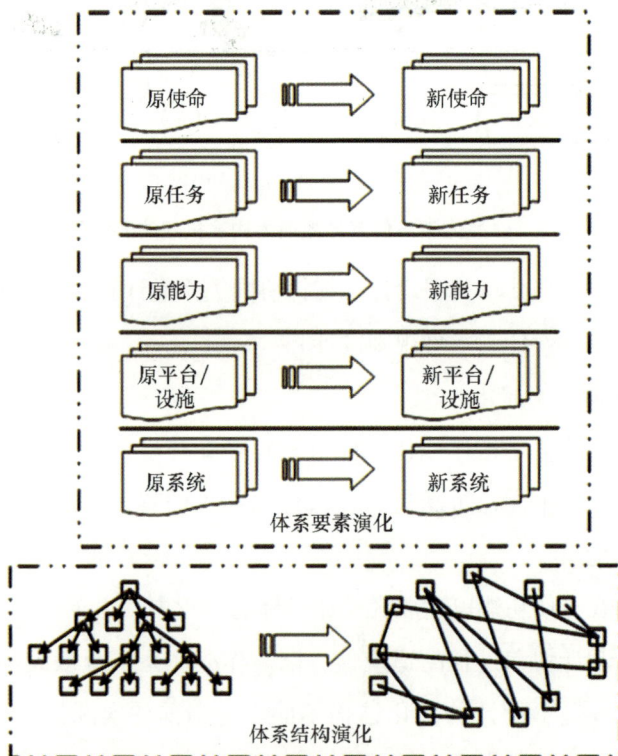

图4-7 作战体系的要素演化和体系结构的演化

区域防空体系中传感器系统、武器系统成员的加入或退出都会引起防空作战体系、任务或使命的变更。体系结构的演化包括三类演化行为：一是运作体系结构的演化，二是系统体系结构的演化，三是技术体系结构的演化。

4.3.2 推进流程再造，提高体系作战的敏捷行动能力

开展基于信息系统的体系作战能力建设，工作重点之一就是推进流程再造，变革指挥、行动和保障方式。流程再造原本是现代企业管理的一个概念，用于作战领域是指以指挥控制流程为核心，重新设计相关信息交互关系和处理程序，以缩短侦察、判断、决策和行动各环节反应时间。

1. 流程再造的内容与功能

一体化指挥平台、数据链以及嵌入武器平台信息单元等一些系统，具备了支持信息最快、最直接流转的能力，客观上提出了再造作战流程的要求。正如恩格斯所说，技术进步一旦用于军事，将强制性地改变作战方式。

（1）指挥流程再造，实现同步感知、快速决策

改变传统的"宝塔式"指挥结构，减少指挥层次和环节，通过建立贯通各级的情报链和指挥链，尽可能让信息"一站式"到达。这样可以使各种作战力量和单元，能够最直接快速地得到多维战场的打击目标信息、威胁预警信息和指挥控制信息；可以使各级各类指挥机构之间，能够基于统一战场态势，异地同步指挥作业。

（2）行动流程再造，实现同步行动、自主协同

改变单纯的线式作战、计划协同方式，提高不同空间作战行动衔接和敏捷反应能力，通过建立信息与火力一体的打击链，使各种作战力量和单元，以作战任务清单为依据，动态分配和接受作战任务，临机自主协调作战行动。这样有利于针对不同目标类型和威胁程度，按照第一时间、第一阵位的使用原则，在全局范围内选择打击效果最佳的武器平台和弹药，集中释放出精确打击效能。美军在伊拉克战争后期，其空中作战平台有三分之一在执行任务

中处于空中待机状态，随时接受数据链的指令进行自主协同，就快就便地对目标实施打击。

（3）保障流程再造，实现主动响应、精确配送

对作战保障而言，特别是侦察情报、测绘导航、气象水文、目标数据等信息保障，需要建立"战略战役信息资源保障战术行动"的新模式，通过信息资源的定制服务、主动推送，提高信息保障精确化、实时化水平。对后勤和装备保障而言，也需要改变以往的纵深梯次后方部署和静态粗放式保障，通过建立集约化保障链，达成资源的可视化、配送的智能化和技术支援的远程化，优化从生产到保障末端的全流程。

流程再造的过程，实际上就是情报链、指挥链、打击链、保障链"四链"的优化过程，重点是解决现有的指挥关系、协同关系、保障关系与新质战斗力生成发展的矛盾，这是信息化建设加速发展面临的最复杂、最困难的问题。

2. 流程再造应考虑的重点

流程再造能否让庞大而复杂的作战体系具备"敏捷身手"是基于信息系统的体系作战能力建设的另一重要方面。为实现基于信息系统的体系作战的敏捷行动，应在以下几方面给予重点考虑。

（1）以结构优化设计为重点，确保体系结构的"稳"

体系的"稳"是体系敏捷行动的保障。为实现体系运行的"稳"，应在体系结构和技术体制上，优化设计作战力量、单元和要素间的指挥控制、信息共享、侦察监视、协同支援的结构，保持适度冗余，在物理、信息等方面加强替代和备份关系，设计保障力量与重点目标和方向的聚焦关系，提高整个体系结构的鲁棒性。

（2）以流程优化设计为目标，确保体系运作的"精"

信息化战争中的过程流、物质流最终都归结于信息流，信息流是基于信息系统的体系作战核心要素，其精确、及时和有效是产生有序力量的关键。作战流程优化设计是"流"有序生成的保障。建设先进的作战计划系统是保障过程流、物质流、信息流正确"流动"，发挥整体作战能力的关键。

（3）以人机一体为核心，确保体系指控的"灵"

人是体系的灵魂，人机一体化建设是体系"敏捷身手"的关键。人机一体化建设包括指挥所设置、战位设置、人机交互环境设计和辅助决策系统设计。基于信息系统的体系作战不仅要注重信息系统建设，还要在合理配置作战人员、设计良好的人机结合的信息系统、加强作战人员的认知训练上下功夫。

（4）以目标体系分析为手段，确保体系破击的"准"

运用作战网络评估等技术手段，在单个目标的时空位置、运行状态、作战能力分析的基础上，分析敌方体系中各目标间的预警、防空、指控、通信、协同、供给等关联关系，目标体系的整体能力，目标体系状态和能力的变化规律，进而运用复杂系统科学的体系制胜机理，发现敌方体系的重心和弱点，准确破击敌方体系。

4.3.3 运用复杂系统思维和体系特性，提高制胜能力

系统科学以普遍存在于世界万事万物之中的系统性为认识对象，是研究包括战争在内的所有物质和精神系统的科学方法论。系统科学迅速发展的过程始终与战争和军事领域有着密切联系。随着战争形态表现为军事力量体系建设和体系对抗的趋势日益显著，研究战争和军事的系统问题，成为军事科学的一个崭新课题和紧迫任务，系统科学在军事领域的应用空间已经随着信息化战争的发展而前所未有地扩大。与以往的作战思想对比，美军提出的网络中心战的最深刻变化在于，为适应信息化战争体系对抗的现实和军队体系建设的要求，系统科学和系统工程进入军事学术的核心思维体系。在这其中，复杂系统理论和复杂网络理论为我们揭示体系作战的制胜机理提供了理论依据。

1. 基于复杂系统理论的体系作战制胜机理

复杂系统理论认为，复杂巨系统是一个由许多相互作用的子系统（也属于复杂系统）组成的系统。各子系统在共同互动机制的作用下，促使整个复

杂巨系统具备一种各个子系统所不具有的整体行为，从而表现出整体的"复杂性"和"非线性关系"。作为一个开放的系统，复杂巨系统不断与环境进行着物质、能量与信息的交换，同时做出适应性反应，并不断"涌现"出新的整体行为。这种适应性反应和"涌现"出的新行为，既可能产生正面效应，也可能产生负面效应。在负面效应足够大的情况下，系统将失去平衡，进入无序或分裂状态，从而大大削弱系统本身的功能和整体效力。

作战体系是人类迄今为止最为复杂的巨系统，因而也就具有复杂巨系统的所有特征。因此，对敌作战体系的关节点实施打击，使整个体系无法产生正面的适应性反应，或者"涌现"出大量负面效应，往往能够起到"击一点而瘫一片"的效果。就连美国兰德公司自己也承认：网络中心战遗传了网络系统固有的脆弱性；无处不在的网络系统，必然出现无处不在的弱点；在利用信息网络技术获得部分信息优势的同时，网络系统自身的脆弱性也使得它的作战能力变得不堪一击。可见，作战体系的这种优势与脆弱并存的特征为信息化条件下贯彻和运用体系作战思想提供了广阔的平台和历史机遇。

（1）可以通过"毁节破链"使敌作战体系失控

控制论创始人维纳说："一切有目的的行为，都可看作是需要负反馈的行为。""负反馈"的本质，在于通过不断修正过程行为，实现向目标趋近。任何作战体系只有通过负反馈才能实现控制，这是切断敌作战体系运行中的信息反馈链这一制胜机理的理论依据。作战体系运行中的信息反馈链，存在于作战决策与情报、作战行动与决策、作战行动和作战效果以及各作战力量之间。破坏或切断这些反馈链，可主要通过打击或控制反馈链中的节点，切断、阻塞、干扰或误导反馈链中各节点之间信息的传输来实现。当作战体系中这些关键部位、重要节点，如指挥中心的通信枢纽、通信系统的供电节点等遭到毁伤和压制时，往往会引发大规模的故障。

（2）可以通过"打击重心"使敌作战体系失衡

任何体系运动只有保持内部各因素相互之间的平衡关系才能有序运行。因此，打破敌作战体系各力量运动相互之间赖以依存的平衡关系，就成为体系作战重要的制胜机理。复杂系统理论指出，在分支点上或临界点附近，体系对外界扰动特别敏感，即使控制因素不再变动，由于内外干扰的作用，系统内部也会失稳而导致突变。因此，打破敌作战体系运动相互之间赖以依存的平衡关系，就要着眼于敌人体系在空间上的状态、内外部制约关系、组织形式和运行规则上的特点，准确抓住对手的敏感部位，通过对敏感目标的打击，使敌人产生一系列负面连锁反应。

2. 基于复杂网络理论的体系作战制胜机理

复杂网络是复杂系统的一种。近年来国内外对复杂网络的研究取得了重大突破，发现了复杂网络中普遍存在的重要性质，如网络的不均匀性、小世界现象、无尺度特性、脆弱性与鲁棒性并存以及级联失效等，并在实际复杂网络系统的研究中取得了重大成果，如把复杂网络理论用于研究在北美电力网络发生的几次连锁崩溃的机理，就是一个突出的例子。人们对大量实际的复杂网络系统，如技术系统中的因特网、电力网，社会系统中的人际关系网、合作关系网，生物系统中的新陈代谢网、神经网等进行实证研究和建模分析，发现这些网络的演化规则非常相似。有理由相信，网络化作战体系的演化也是受某些简单规则驱动的自组织行为。把复杂网络的普遍性质应用到网络化作战体系对抗的研究中，也具有重大意义。

（1）高集聚性

小世界现象是指网络的规模可能很大，但是网络的平均直径却不大。无尺度特性是指网络中节点之间连接的分布是不均匀的。因此，复杂网络可以看作由不同"团体"组成，"团体"内部有较多的连接，而"团体"之间连接较少。网络的抱团特性和团体划分表明，如果要在体系作战中采取斩首攻击，那么，寻找"首"的过程就是在作战体系中寻找"团体"的过程，直到找到核心的团体或者节点。

（2）脆弱性和鲁棒性

网络化作战体系在随机攻击面前具有很强的鲁棒性，但是，在面对蓄意攻击时却表现出极大的脆弱性。一方面，随机攻击体系中的一小部分节点，网络的平均距离几乎保持不变，因为连接度较高的节点遭到攻击的概率很小。所以，无尺度网络对于随机攻击而言具有较强的鲁棒性。另一方面，如果蓄意攻击一些连接度很高的节点，网络中出现一个个"孤岛"，就会使得体系在蓄意攻击面前非常脆弱。复杂网络的脆弱性与鲁棒性并存，为破击网络中心战和保护自身的体系安全提供了全新的启示。

（3）级联失效性

复杂网络还有一个普遍性质，称之为级联失效。人们发现，对于一个复杂网络，蓄意攻击其中的部分甚至几个"敏感"节点或者"敏感"连接，都可能导致级联失效，整个网络突然溃散成很多碎片，即连锁崩溃现象。当级联失效发生时，如果及时地去除几个适当的节点或者连接，可以有效阻止级联失效进一步扩散，从而避免出现连锁崩溃的现象。

（4）网络相依性

真实世界中的各种类型的网络相对独立又相互依存，网络之间或多或少地存在着物质、信息、能量等形式的交互。由于网络间的耦合和依赖关系，相互依存网络往往表现出明显的脆弱性和易损性，某个子网络中节点损坏所产生的扰动可能通过网络间的依赖关系而传播出去，触发其他子网络失效，而故障又可能传播回第一个子网络，扩大故障范围。例如，电力和通信网络之间的相互依赖关系——电力网络依赖通信网络传输控制信号和调度指令，而通信网络又依赖电力网络提供电力支持。相依性增加了复杂作战系统的脆弱性，也使得故障得以在子网络间跨网络传播，从而导致比孤立网络中更加剧烈的级联失效过程。

因此，研究网络化作战体系的演化和动力学行为，尤其是研究人为进攻导致体系连锁崩溃的机理与防御，是应对网络中心战、成功实现体系作战的关键。

3. 从复杂网络科学微观角度研究赛博空间攻防

赛博空间的英文是 cyberspace，是以网络（包括关键基础设施网络和信息网络）为主体、以网络上承载的信息流为主导、虚实结合的信息活动空间，是继陆、海、空、天之后的第五维战略疆域，是一种新型的作战空间。当前，赛博空间攻防在联合作战体系中的地位日益凸显。

（1）赛博空间网络与复杂网络的相似性

赛博空间攻防系统与复杂网络具有天然的相似性，无论是虚拟空间的信息网络，如通信网、传感网、指控网，还是现实世界中的信息技术基础设施，如电力网、互联网、能源网、交通网等，都具有显著的复杂网络特性，异构、大尺度、动态演化特征明显。研究赛博空间网络攻防，一方面可以充分发挥赛博空间战斗力倍增器的作用，以较小的代价实现指挥作战达成预期作战效果的目标。例如，2007 年 4 月至 5 月爱沙尼亚的一些关键基础设施遭受大规模的网络攻击，致使爱沙尼亚的宣传系统、通信系统、金融系统遭受巨大打击，政府一度陷入瘫痪。这种不通过发动物理域的动能作战，只利用赛博空间攻击就能实现以较小的代价达成战略意图的新型"战争"，真正做到了"不战而屈人之兵"。另一方面，建设和发展赛博空间，可以使对手相信恶意的赛博攻击行动能够被有效阻击和遏制，有助于实现慑止潜在对手向己方目标发动赛博攻击的战略目标。当敌对双方都具有确保侵入破坏对方赛博空间的能力时，就可以带来双向网络遏制，使得双方不得不在一定条件下，遵守互不攻击对方赛博空间的游戏规则，形成一个无形的安全阀。

（2）从网络微观视角（节点、链路）研究赛博空间攻防

复杂网络科学研究兴起于网络的"小世界特性"和"无尺度特性"的发现。网络科学研究的热点逐渐从早期发现跨越不同网络的宏观上的普适规律转变为着眼于从中观层面（社团结构、群组结构）和微观层面（节点、链路）去解释不同网络所具有的不同特征。

网络存在于赛博空间各域、各层次，是赛博空间形成的前提，又是体系对抗和作战的目标背景。分布广泛的网在提高赛博空间"网聚能力"的同时，也容易被对方楔入或实施"一点瘫痪"，进而影响整个作战系统功能的发挥。快速发展的反辐射打击、定向能、网络病毒等高新技术武器，通过实体打击、压制式干扰，以及伪装诱骗等方式，可成功实现对赛博空间关键基础设施系

统的有效破坏和控制，当赛博空间中的关键部位、重要节点，如指挥中心的通信枢纽、通信系统的供电节点等遭到毁伤和压制时，往往会引发更大规模的故障。以电力网为例，由于电力网与其他网络如通信网、运输网之间存在复杂的耦合和依赖关系，针对其的对抗行动可产生一系列跨网跨域的级联效果。全球历史上出现的一些大停电事故，有些是恶意攻击造成的，如 2016 年乌克兰电网遭受网络攻击；有些是意外发生的，如 2003 年造成数百亿美元损失的北美地区大规模停电事故和 2012 年影响数亿人口用电的印度北方电网崩溃事故。这些案例都表明，极端情况下关键系统的关键环节中一个很小的故障就可能对整个系统造成灾难性影响。

基于复杂网络的观点，信息化战争背景下的作战体系是一个由战场的指控、传感、交战实体"节点"、各实体节点之间的物理、逻辑关系，以及各实体节点之间的物质、能量、信息"流"交互、输送、聚集、融合构成的一个动态、开放、一体的复杂网络系统。从系统科学角度来说，系统功能的实现主要依赖内部组件间的网络拓扑结构，因此，从网络结构着手，对赛博空间网络的关键节点和链路进行识别是网络攻防的常见思路。

4.3.4　推进文化发展，增强构建联合作战体系的内聚力

文化形态主要体现在观念形态、制度形态、技术形态和行动形态，其中观念形态和制度形态尤为重要。

1. 充分认识信息时代的军事文化

（1）要充分认识到解放思想、转变观念对体系作战能力建设的重要性

基于信息系统的体系作战能力建设的战略思想的产生与发展，是科学技术，特别是信息技术与军事科学融合的必然产物。基于信息系统的体系作战能力建设不仅仅体现为一个状态和过程，更重要的是反映一种思想观念的转变，更确切地讲，是一场信息技术引发的体系与体系对抗的军事变革。

在变革当中，束缚我们的往往就是传统的思想观念，如美军在转型中也同样存在"顽敌"，约翰·阿尔奎拉在《顽敌：阻力重重的美军转型》一书中就记载了大量关于美军在转型中面临的种种思想观念的摇摆与碰撞。例如他在书中谈道：自从欧文斯退休、塞布罗斯基去世和拉姆斯菲尔德被撤职之后，五角大楼的理论探索热潮似乎开始退去。虽然大家仍在讨论塞布罗斯基提出的"网络中心战"概念，但除海军之外，已无多少人对其感兴趣。与此同时，五角大楼又重新回到了"传统"的轨道上，其最明显的标志就是部队转型办公室"被撤销了"。另外，美军"空海一体战构想"出台的动因之一，是融合空中、海上、陆地、太空、网络空间等领域的作战能力，弥补单一军种的脆弱性。但其深层次原因仍然是军种文化导致的"海空"矛盾。同时他在书中还谈道："作为潜在对手的那些国家却在发展全新的作战理论，并加大了对新型武器系统的研发投入，以跨越式的方式超越我们。"

因此，有理由相信，在这场由信息技术带来的军事革命面前，谁能彻底完成思想观念的转变，谁就能赢得未来的战争。

（2）要充分认识到体系作战能力建设的长期性

基于信息系统的体系作战能力建设，构建一体化联合作战体系，需要经历一个长期的甚至是漫长的发展过程。美军的联合作战体系的构建也经历了许多困难，其信息化条件下联合作战理论从"空地一体战理论""联合作战新构想""网络中心战""空海一体战构想"到"一体化威慑"的变化发展，也说明美军还在不断探索和更新所谓"内聚式联合作战"。

2. 积极营造信息时代的军事文化

信息时代的军事文化，蕴涵着"整体重于个体、个性服从共性"的融合意识，"联通方能联战、共享才会共赢"的协作意识，"不为人人所有、但为人人所用"的服务意识，等等。普及信息化知识，营造信息化环境，对于促进先进军事文化建设，解决信息技术发展、作战运用方式转变带来的认识局限、思想冲突和观念差异等深层次问题，具有极为重要的作用。

参考文献

［1］ Alberts D, Garstka J. 网络中心行动的基本原理及其度量［M］. 李耐和，王宇弘，黄锋，译. 北京：国防工业出版社，2007.

［2］ 毕克允. 微电子技术：信息化武器装备的精灵（第2版）［M］. 北京：国防工业出版社，2008.

［3］ 布鲁斯·伯科维茨. 战争的新面貌：如何进行21世纪的战争［M］. 阎卫平，译. 北京：军事科学出版社，2009.

［4］ 戴维·卡门斯. 美军网络中心战案例研究2［M］. 聂春明，译. 北京：航空工业出版社，2012.

［5］ 胡晓峰. 战争工程论：走向信息时代的战争方法学［M］. 北京：国防大学出版社，2012.

［6］ 军事科学院军队建设研究部. 军队信息化建设概论［M］. 北京：军事科学出版社，2009.

［7］ 刘鹏. "落锤"行动：美军合成营阿富汗山地作战典型战例［J］. 军事文摘，2018（15）：66－69.

［8］ 马克斯·布特. 战争改变历史：1500年至今的科技、战争及历史进程［M］. 石祥，译. 上海：上海科学技术文献出版社，2011.

［9］ 毛炜豪. 从ChatGPT看人工智能的军事应用［N］. 解放军报，2023－

4 – 13 (7).

[10]　彭木根, 刘雅琼, 闫实, 等. 物联网基础与应用 [M]. 北京: 北京邮电大学出版社, 2019.

[11]　托马斯·哈默斯. 弹弓与石子: 论 21 世纪的战争 [M]. 北京: 军事科学出版社, 2009.

[12]　汶鑫. 俄军 "营战斗群" 探析 (上) [J]. 坦克装甲车辆, 2022 (4): 28 – 33.

[13]　汶鑫. 俄军 "营战斗群" 探析 (下) [J]. 坦克装甲车辆, 2022 (5): 62 – 67.

[14]　张维明, 刘忠, 阳东升, 等. 体系工程理论与方法 [M]. 北京: 科学出版社, 2010.

[15]　总装备部电子信息基础部. 信息系统: 构建体系作战能力的基石 [M]. 北京: 国防工业出版社, 2011.

[16]　BARABÁSI A L, ALBERT R. Emergence of scaling in random networks [J]. Science, 1999, 286: 509 – 512.

[17]　BULDYREV S V, PARSHANI R, PAUL G, et al. Catastrophic cascade of failures in interdependent networks [J]. Nature, 2010, 464 (7291): 1025 – 1028.

[18]　REN X L, LV L Y. Review of ranking nodes in complex networks (in Chinese) [J]. Chinese Science Bulletin (Chin Ver), 2014, 59 (13): 1175 – 1197.

[19]　TANG J, PIERA M A, GUASCH T. Coloured Petri net-based traffic collision avoidance system encounter model for the analysis of potential induced collisions [J]. Transportation Research Part C: Emerging Technologies, 2016 (67): 357 – 377.

[20]　WATTS D J, STROGATZ S H. Collective dynamics of ' small-world ' networks [J]. Nature, 1998, 393: 440 – 442.

［21］ YANG W, TANG J, HE R, et al. A medium-term conflict detection and resolution method for open low-altitude city airspace based on temporally and spatially integrated strategies ［J］. IEEE transactions on control systems technology, 2020, 28 (5): 1817 – 1830.